本研究为国家社会科学基金重大项目“多卷本《中国新闻传播技术史》”（14ZDB129）阶段性研究成果，得到国家社会科学基金重大项目资助

中国图像科学技术简史

韩从耀 编著

科学出版社
北京

内 容 简 介

《中国图像科学技术简史》是对中华民族两千多年的图像科学技术发展的一次快速巡礼。作者在图像学、历史学的视野之下，简要地梳理了中国古代和近现代科学家关于图像科学技术方面的论述，进一步挖掘和保护中国丰厚的图像科学文化遗产，更好地传承中华民族优秀的图像科学技术文化。

本书适合图像史、科技史、图像学等相关学者与研究生，以及历史学爱好者参阅。

图书在版编目（CIP）数据

中国图像科学技术简史 / 韩丛耀编著 .—北京：科学出版社，2018.6

ISBN 978-7-03-057805-1

Ⅰ.①中… Ⅱ.①韩… Ⅲ.①图象处理－技术史－中国 Ⅳ.① TN911.73-092

中国版本图书馆 CIP 数据核字 (2018) 第 126176 号

责任编辑：王 媛 / 责任校对：赵桂芬

责任印制：徐晓晨 / 封面设计：黄华斌

科 学 出 版 社出版

北京东黄城根北街16号

邮政编码：100717

http://www.sciencep.com

北京凌奇印刷有限责任公司 印刷

科学出版社发行 各地新华书店经销

*

2018 年 6 月第 一 版 开本：890 × 1240 1/32

2021 年 8 月第三次印刷 印张：7 1/8

字数：127 000

定价：87.00 元

（如有印装质量问题，我社负责调换）

学术委员会

前 言

《中国图像科学技术简史》是在图像学、历史学的视野之下，试图整理中国古代和近现代科学家关于图像科学技术方面的论述；挖掘和保护我国丰厚的图像科学文化遗产，传承中华民族的图像科学文化；分析图像科学技术产生的时代背景、物质社会条件和历史文化场域，探索建立中国图像科学的理论方法和学术体系的可能性，为书写和构建中国图像科学技术史探索一条切实可行的研究路径。

“欲知大道，必先为史。”笔者在许多场合反复说过，人类记录历史、表征世界和传播文明的方式主要有两种：一种是以语文（言语、语言、文字、抽绎性符号等）为主要载体的线性、历时、逻辑的记述和传播方式；另一种是以图像（图形、图绘、影像、结构性符码等）为主要载体的面性、共时、感性的描绘和传播方式。语文记述和传播方式近五千年来已经逐渐成为人类主要的记录、表征和传播文明的手段，得到了充分的发展和人类社会的绝对尊重；而有着几万年甚至几十万年的历史并保有大量文化信息的图像表征与传播技术形态，却一直未得到应有的重视和充分的科学解读，图像传播技术形态与语文传播技术形态的逻辑因果关系一直未得到有效的连接，图像表征历史的技术形态更是没有得到系统的梳理和呈现。然而，中华文化的独特性，恰恰在于其书画同源、图文互构的“视觉书写”技术文明的历史。这种技术的、视觉的、图像化的历史传承和文明形态，与欧美等西方国家的表音文化体系迥然不同，它超越了言语的视觉认知模式与逻辑，构造了中华文化独特的文明形态，并且从未中断。

图像是人类认知的手段，是信息传播的文本，是社会记录的地图，是确凿的视觉历史事实。从裸视到镜像，从镜像到景观，从景观到幻像，从幻像到网景……叠映着人类焦虑的一幕幕图景。图像科学技术发展的历史本身就是一部人类恢宏的文明演进史，图像科学技术则是国家文化形象最直接、最具象、最可信的体现形式。

在全球经济一体化、文化多元化和中国经济社会发展进入新时代的历史背景下，“以什么样的视角认识文化，以什么样的态度对待文化，以什么样的思路推动文化繁荣发展，是我国文化建设必须解决的重大课题”[①]。开展中国图像科学

---

① 云杉：《文化自觉 文化自信 文化自强——对繁荣发展中国特色社会主义文化的思考》，求是理论网·《红旗文稿》2010年第15期。

技术史研究，无论是就理论层面而言还是就实践层面而言，其意义都是非常重大的，甚至应该上升到“抢救性”研究的高度上来。

世界范围内，人文科学和公共文化领域正在发生一场“图像转向”，图像及图像科学正是在这场“转向”中出现于国际学术界的一个新的跨学科研究领域。作为对图像文明深入研究的前提，图像科学及图像数据的收集、整理、归类和索引首先引起了专家学者的高度关注。

在国外，荷兰学者在西方图像科学文化的基础上，历时60多年提出了一套ICONCLASS图像分类科学体系，该体系根植于西方古希腊罗马历史和基督教文化，偏重系统建立，将西方现存的艺术图像分成宗教、自然、人物、社会、历史、圣经、文学、抽象观念、古希腊罗马神话和历史，以及非再现性图像十大类。最近20年，荷兰将此系统数字化，并向世界推广，现在该系统主要在荷兰和德国的若干机构中使用。日本学者从20世纪80年代起，费时40多年收集流失海外的中国古代绘画信息，编辑出版了《中国绘画总合图录》正编和续编，该图书主要偏重数据收集。他们在《宣和画谱》分类体系的基础上，以道释、人物、宫室、番族、龙鱼、山水、禽兽、花鸟、杂画、书迹十个部分，收录了除中国收藏机构和个人之外的世界各地的18世纪初期之前的中国历代名家书画作品。2004年，东京大学为此建立了一个检索网站，网站可以通过艺术家名字、作品名字等对图录所包含的作品信息进行检索，但只提供作品基本信息，不提供图像资料和具体文本资料。

在国内，基础性图录出版过一些，相对权威的有中国大陆出版的《中国古代书画图目》《中国美术全集》《宋画全集》《元画全集》《中华图像文化史》等，中国台湾出版的《故宫藏画大系》《故宫书画图录》等。

由此也可见，至今全面展现中国图像科学文化的整合资料仍然空缺，更没有建立一个全面而权威的图像数据库，中国图像科学技术史的书写、中华图像分类科学系统的建构和中国图像科学数据库的建设，也还是空白。

特别值得注意的是，荷兰、德国等欧洲国家已经联手于2006年在ICONCLASS图像体系中专设中国图像系统目录，不遗余力地全面收录和整理中国历代各类型的图像及图像科学资料；日本更是从40年前就以搜集中国从古至今的各类图像及图像资料为直接目的进行分类整理，其目录甚至就直接在宋代《宣和画谱》的分类体系上加以完善，使其更加适合中国人的自觉入库和使用习惯。以此观之，随着计算机技术的迅猛发展和各国科学、文化竞争的加剧，用不了多久时间，“中华图像”就会重演“敦煌在中国，敦煌学在国外”的历史悲剧。

更让人忧心的是，若假以时日，国外关于中国图像科学文化研究的数据库就将收录2000年的中国图像资料，届时他们必然会采取技术措施以树立权威和建立资料的专属性，这又将造成类似于目前“中国有世界上最多的互联网用户，但没有一台根服务器在中国”的尴尬境况。中国图像科学技术体系正在被别人盗用，中国图像科学文化宝贵的历史资源正在流失，中华文化的视觉科学思维图式正在被肆意编码，中华民族的精神场域正在被任意涂抹。如果一个民族的文化流失，那么，精神只能流浪。因此，开展中华图像科学技术思想体系研究刻不容缓，开展中国图像科学技术史研究势在必行。

在当今世界的一些人眼里，从摄影术的发明到照片的普及，从摄影机的运用到电视在现代社会中的霸主地位，当代图像传播的每一项技术和理念的推介，无不带有西方思想文化和技术的烙印，以致许多人认为图像技术和图像传播源于西方，是舶来品。但只要考察一下图像科学技术体系就会发现，历史上中国图像传播技术的应用和图像科学思想的建立是远远领先于世界上其他国家的，中国甚至被认为是世界上图像传播技术应用最早的国家。鲁迅先生就持此论："镂像于木，印之素纸，以行远而及众，盖实始于中国。"[①]徐康先生在《前尘梦影录》也论述过古代中国出现的图文并举的时代："吾谓古人以图书并称，凡有书必有图。《汉书·艺文志》论语家有《孔子徒人图法》二卷，盖孔子弟子的画像。武梁祠石刻七十二弟子像，大抵皆其遗法。而兵书略所载各家兵法，均附有图。……晋陶潜诗云：'流观山海图'，是古书无不绘图者。"[②]大量历史文献资料显示，中国不但图像传播技术兴起较早，中国古代科学家关于图像科学技术及图像传播的论述也是严谨而系统，中国古代重视图像传播技术的传统较之文字传播技术，有过之而无不及。

科学文化现象是一个国家的整体创造，是历史累积、跨文化交流以及经济现实等多重因素激荡的结果。倚重物质技术发展水平的图像科学技术更是这样。在人类文明的历史长河中，古代世界曾经辉煌灿烂的文明国家，多数没有能够继续维持下来，有的中断了，有的随着文化重心的转移而转移到了其他的地域。唯有中华文明绵延不断，吐故纳新，持续

① 转引自陈平原编：《点石斋画报选》，贵阳：贵州教育出版社，2000年，第71页。

② (清)徐康撰，孙迎春校点：《前尘梦影录》，杭州：中国美术学院出版社，2000年。

焕发着生命的光辉，葆有着鲜活的青春色彩。

“中国不可能成为一个世界强国，因为没有足够影响世界的思想体系。”撒切尔夫人的这一断言颇能代表现当代西方大多数人的观点。在西方发达国家的政治家眼里，中国的确不能算是当今世界的强国。但只要睁眼看看中国的历史，七千年绵延不断的文明史，谁能说没有影响世界的思想体系？即使从孔夫子到孙中山的两千多年时间里，中华文化的思想体系也是博大精深。2006年由南京大学中国思想家研究中心历时30年编就的200部“从孔夫子到孙中山”的《中国思想家评传丛书》，传主就多达300位，他们是这两千多年间影响着中国、影响着人类的思想者。这种庞大的思想体系，不仅影响了中国，也足以影响世界几千年。笔者曾大规模地组织全国200多位对图像及图像学有研究的学者专家撰写100卷本《中华图像文化史》（目前已出版40卷），从一百多万年前的原始社会图像表征开始，全面梳理并向世界展示中华图像科学文化的演进路径。只要稍有一点人类文明常识和略具历史眼光的人，都会在今天承认，中华科学文化的思想体系将影响着今后的世界，未来的世界必将是以中华科学文化和中国的方式参与建构的一种社会理念、一种生活理想、一套价值观。这种文明和谐的科学文化理念，是在人类工业文明300年之后被重新认识到的，笔者不知道也无法想象，世界上还有哪一种思想体系能承受得起如此巨大的、历史的和文化的检测压力！还有哪一脉文化有如此辉煌的巨构！

中华文化是人类文明的瑰宝，是世界文明史的皇冠。在中华文化皇冠上镶嵌着几颗格外耀眼的“明珠”——汉代的赋、唐朝的诗、宋朝的词、元代的曲、明清的小说和“中华图像”。汉赋韵散有致，华美丰赡，气象恢弘，传承追慕以至“洛阳纸贵”；唐诗宋词意趣纷呈，雅俗共赏，脍炙人口，对中国人的文化养成起到了潜移默化的作用，“熟读唐诗三百首，不会作诗也会吟”；元曲曲韵多姿，或清丽婉转或痛快泼辣，流转在厅堂街巷；明清小说情节曲折缜密，叙事语言凝练精道，人们口口相传，竞相传抄手稿，点评批注皆为乐事。而中华图像大到“天宇之宏”，细至“游猎，卤簿，宴饮之类”平凡生活的日常细微，给人们一个“上至宇宙之大，下至苍蝇之微”“都有些切实”的世界。[①]

这里说的“中华图像”，是指在中华文明发展史上被记载的和在大中华地区留存的带有中华文化习俗和精神图式的视觉图像；中华图像科学思想，是指由中国古代图像科学家

① 转引自陈平原编：《点石斋画报选》，贵阳：贵州教育出版社，2000年，第69页。

在进行图像创造、图像生产和图像实验及实践过程中所形成的关于图像技术、图像传播及图像文化的科学论述和评论。中国图像科学技术史是对以文字为载体的中国历史、中国科学思想史的丰富和补充，是中华文化样态多样的确立和思想璞实的力证。

以文字为主导的书写文明告诉我们，在图形文字之后，文字撕裂图像，形成了一种“霸权”态势，宰控着这个社会，文字掌握者滋生出“文本凌驾于视觉图像之上”的“殖民”心态。当然，从西哲苏格拉底的“眼睛”和与之相关联的“视力”“眼界”的透彻，到东圣墨子的光学八条的明晰[①]；从文艺复兴透视法的科学启蒙到毕昇活字印刷的普遍使用，都可视为是对这种偏颇狭隘的殖民心态的鄙视和斗争。

特别是在中国，图像技术、图像科学及图像文化始终根植于中国人的日常生活、生产劳动和精神创造之中，虽然有时强势，有时衰微，但从来都没有中断过，其思想体系逐渐完善，以至形成了影响世界科学技术发展的人类认知思想体系。如中国古代科学家在图像科学思想体系的建构上，世界

① 参见〔美〕W.J.T. 米歇尔著，陈永国、胡文征译：《图像理论》，北京：北京大学出版社，2006 年，第 78 页。W.J.T. 米歇尔讨论了一种顺应控制视觉和语言经验关系的习俗：“把词语置于视觉之上，言语置于景观之上，对话置于视觉景观之上。”

上至今还未见有哪个国家和地域的科学家有如此连贯而又极具科学性的思想：如战国时代墨子《墨经》里的光学成像论述就如同“理论图像学”，奠基了今天光学及数字成像的理论基础；西汉淮南王刘安的《淮南万毕术》冰凸透镜成像的论述如同“实验图像学”，将图像生产场域的技术性形态和实验过程完美地呈现；宋代科学家沈括的《梦溪笔谈》就如同“社会图像学”，将图像、成像在更大的社会范围内理解和阐述；郑樵的《图谱略·索象》就如同“应用图像学”，论述清晰、说理透彻，实际应用的讲解令人茅塞顿开，大有醍醐灌顶之效；清人郑复光的《镜镜詅痴》更是具有了实践价值，就如同今日的“技术图像学”，是工程技术学的典范之作。这样的图像科学技术思想积淀深厚的国度，世界上无国堪比，也无国能比。

因为有着绵延几千年从未中断的悠久历史，中国形成了一种特有的中华图像科学技术思想体系，但是“一个民族不管有多么博大精深的文化，关键在你手里还剩下多少，你对自己的文化知道多少”[①]。目前，对于汉赋、唐诗、宋词的研究硕果累累，对于元曲、明清小说的研究成果也很多，但“中

① 冯骥才：《中国文化正在粗鄙化》，2017 年 12 月 7 日，http://www.sohu.com/a/208982125_334468.

华图像”这颗明珠仍未拭去浮尘，显示出它本该有的光泽，虽然中华民族有着悠久的图像科学思想体系，有着博大精深的图像技术表征文化，但是今天能呈献给世界的、呈献给自己的并不多，世界知道的、自己知道的也不多，尤其是对中国图像科学技术思想的历史性研究更是冷寂。因此，我们应该有一种文化上的自觉：觉醒、使命与担当，应该有一种责任意识：理想、行动与勇气。

图像科学技术史研究不同于以文字为主的文化史研究，有其独特性。它不能像文字记录历史那样，仅通过描述和记载就可以被保存，它需要用“原样”加以呈现，用“原图”加以分析。中国图像科学技术史需要对中国历代科学家的图像思想体系做出深入的技术性剖析，需要对他们提出的图像实验技术进行分立的验证性实验和统合性辨析，需要将图像物质生产场域的技术性、图像形式自身场域的构成性和图像效果传播场域的社会性锚固在视觉界面上集中阐释。

珍惜和梳理中华民族这份宝贵的科学技术文化遗产，将为后人筑起得以瞭望前辈风采神韵的思想高地，增强中华科学文化的凝聚力和影响力。它不仅对编撰完整、翔实的中华文明史起到完善体系和丰富材料的作用，对中国科学史、思想史、文化史的研究也有着直接的补充和实证作用。中华图像科学思想史是中华民族思想史的重要组成部分，是中华文明史不可或缺的内容。开展中国图像科学技术史和历代科学家的图像科学思想研究，将为提升中华文化的凝聚力和影响力、增强中国文化的软实力和维护国家文化安全做出切实的贡献，为文化创意经济社会的发展提供持久的动力支持，为进入新时代的中国提供民族复兴的文化力量，为人类文明史的书写增添新的内容。

令人欣慰的是，近年来随着图像科学技术的广泛应用，图像科学文化研究有所动作，视觉文化研究迅速推进，图文互释阅读趣味逐渐形成，已有许多学者将研究视点锚固在中华图像和中国古代图像科学家这一主题上。实际上，研究中国图像科学的发展史无异于拼贴一张中国人的历时性视觉脸谱，构建中国几千年的社会生活形态，展现一幅中国历代图像科学家的思想长卷，因此极具思想史、文化史和人类学等方面的学术价值。有识之士应行动起来，尽早对中国图像科学技术论述进行拉网式普查，建立“第一登记簿”，获取大部分信息资料，“抢救性”保护和研究这份科学文化遗产，尽早地对中国历代科学家的发明创造和图像科学技术思想展开研究，让这颗明珠同其他几颗明珠一起，在中华文化这顶皇冠上熠熠生辉。

小册子《中国图像科学技术简史》及“图像与图像学”附录，是多年来断断续续对中国图像科学技术史书写的思考结果和研究材料收集后的技术路径“简图”。这些不成熟的思考都曾公开发表过，现在把它们集中起来，删减成册单独出版。“创始者难为用，后起者易为功”，若此粗陋简册可为研究者之小助，即达恳切之心。

韩丛耀

2017 年 12 月 12 日

目　录

图目录

中国图像科学技术简史

图像是一种文化表征，更是一种科学技术的产物。图像及图像文化的发展取决于图像科学技术的发展，图像科学技术的发展决定着人们观察世界、认知世界和表述世界的能力。没有图像科学技术的发展，就不会有图像媒介形式的应用，更不会有图像在社会场域的各种表征与意义传达。

在图像的科学研究和社会实践中，古今中外的科学家付出了大量的心血，尤其是各国各民族的劳动人民，他们用勤劳和智慧创造了图像科学技术的辉煌。

在人类探索图像科学技术的进程中，中国的科学家在图像理论探索的路上起得更早、走得更远，在应用图像科学的理论探索和技术实践上取得了令人瞩目的成就，而西方的科学家在图像的哲学思辨和图像现代理论建构上取得了丰硕的成果，它们都是人类对于图像理论探索和图像技术实践的宝贵财富。

本部分从实用图像学和理论图像学的角度，对中国图像科学技术的大事件及中国科学家对图像科技的探索和实践做一次快速巡礼，简明地介绍中国图像科学技术的发展历程和相关研究成果。

 图像科学技术的萌芽期

从远古到西周时期（远古—前 771 年），伏羲画卦，仓颉制字，卦以明数，字以象形，文明肇始，中国的图像科学技术也在这一时期渐渐萌芽。

这一时期中国经历了原始社会和奴隶社会两个社会发展阶段。经过漫长的旧石器时代之后进入新石器时代，以黄河流域和长江流域为中心的广袤土地上，中华民族的先民创造了绚烂多彩的物质文化和精神文化。从远古到夏商周是中国传统文化的奠基期、形成期，中国传统文化的仁政德治思想、民本思想、天人合一思想及礼仪制度等都肇端于此。夏代“家天下”国家政权的建立，奠定了国家统治制度的基础。西周是中华古典文化的兴盛时期，西周人创造了崭新的制度文化，加速了神本文化向人本文化的过渡，西周的物质文明和精神文明对中国后世历史的发展产生了深远影响。

在远古时期，对于光现象的观察和思考没有用文字记录

下来，但是考古发掘出来的这一时期的建筑、陶器、石器、骨器和玉器等，反映出当时的人们已经有了一些对光的认识，如光源、视觉、成影、反射等。虽然这些知识是纯感性的，极其零散、肤浅，但它们毕竟是后来光学知识的萌芽，是未来影论与像论的研究基础。太阳是这个时期人们最关注的事物，并成为原始陶器的主要绘画内容之一，这可以说是我们祖先对光的最早的描述。图 1 是郑州大河村仰韶文化遗址出土的一件绘有太阳图案的彩陶片。

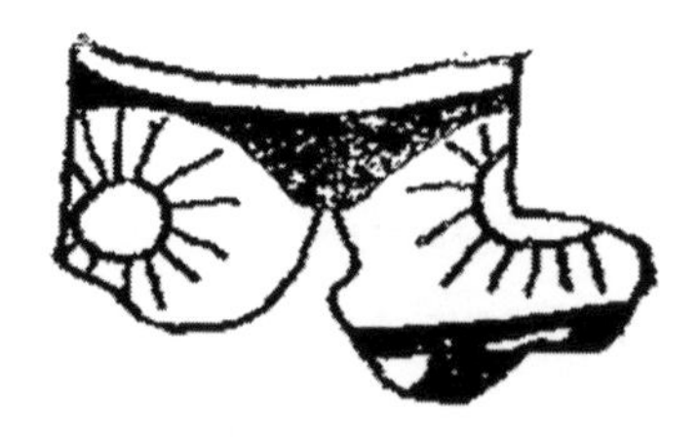

图 1　绘有太阳图案的彩陶片

夏、商两代（约前 22 世纪—前 11 世纪），青铜器逐渐取代了石器。一些古代文献记录了"铸鼎象物"[①]之说。言夏禹曾收九牧之金铸九鼎于荆山之下，以象征九州，并在上面

① 《左传·宣公三年》："昔夏之方有德也，远方图物，贡金九牧，铸鼎象物，百物而为之备，使民知神奸。"杜预注："象所图物，著之于鼎。"（战国）左丘明撰，（西晋）杜预集解：《左传（春秋经传集解）》，上海：上海古籍出版社，1997 年，上册，第 546 页。

镌刻魑魅魍魉的图形，让人们警惕，防止被其伤害。[①] 自从有了禹铸九鼎的传说，鼎就从一般的炊具发展为传国重器，历商至周，都把定都或建立王朝称为“定鼎”，国灭则鼎迁，这就是“问鼎”即“有得天下之心”的渊薮。[②] 也有考据称后世鼎及其他青铜器上的饕餮等兽面纹饰即源于禹铸九鼎之“象物”，是我国较早的图像刻绘应用。在迄今考古发掘出的商代青铜器中有不少青铜镜，铜镜的背面也会刻铸上一些图像纹饰（图 2）。这些铜镜有些是平面镜，有些则是镜面微凸的青铜镜，可见那时的人们已经开始琢磨“以镜鉴人”等视觉、光学现象了。

图 2　河南安阳殷墟妇好墓出土的商代多圈凸弦纹青铜镜

---

①《左传・宣公三年》：“故民入川泽山林，不逢不若。魑魅魍魉，莫能逢之，用能协于上下以承天休。”（战国）左丘明撰，（西晋）杜预集解：《左传（春秋经传集解）》，上册，第 546 页。

②《左传・宣公三年》：“天祚明德，有所底止。成王定鼎于郏鄏，卜世三十，卜年七百，天所命也。周德虽衰，天命未改，鼎之轻重，未可问也。”（战国）左丘明撰，（西晋）杜预集解：《左传（春秋经传集解）》，上册，第 546 页。

西周（约前1046—前771年）是我国奴隶制的鼎盛时期，人们在生活中已经积累了一些光学经验，并对其进行了积极利用。西周时期中国人在世界上最早创制出“阳燧”（图3），即青铜凹面镜，并用其对日取火。阳燧既是青铜业的一大成就，也是光学知识具体应用的巨大成功，它是人类“天然取火→保存火种→制造火”历程中的一个里程碑。

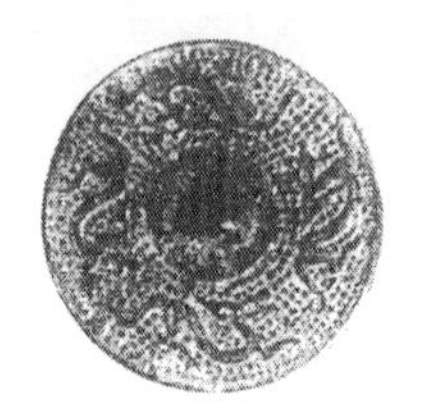
浙江绍兴阳燧（1）

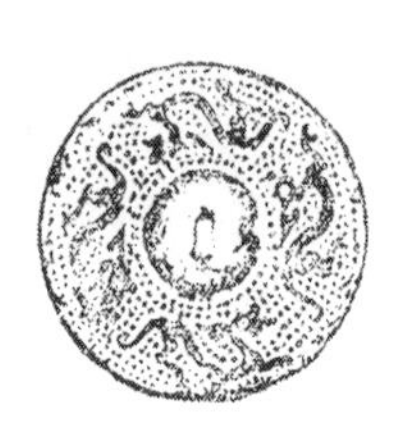
浙江绍兴阳燧（2）

河南上岭村阳燧

图3　浙江和河南出土的阳燧

在光线照射之下，影和形总是相伴存在，光源位置的移动引起物体投影的变化，这在生活中很容易觉察到。我国古人正是利用关于光影的这一知识来定时、定向，发明了最古老的光学仪器——圭表（图4），用它在地面上投影的位置和长度来测定方位与时刻。用圭表测影定向的方法，可能远在新石器时代就有，但在周代已经堪称精密了，《周礼·冬官考工记》对此有详细的记载。①

①《周礼·冬官考工记》：“土圭尺有五寸，以致日、以土地。”（崔高维校点：《周礼·仪礼》，沈阳：辽宁教育出版社，1997年，第83页）译文：土圭长一尺五寸，用以测量日影、度量土地。

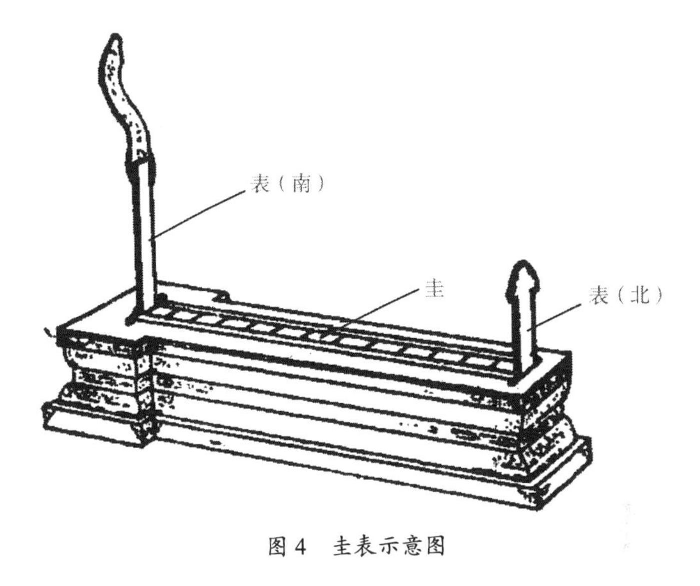

图 4　圭表示意图

作为一种与光学密切相关的物质，玻璃的产制一直很受关注。有人认为我国古代的玻璃是从国外传入的，这种观点已经被考古发掘材料彻底否定。在西周一些墓葬中发现的玻璃珠，是由一种铅钡玻璃制成的，它与古埃及的钠钙玻璃有根本的区别，可以断定其为我国所自制。东周墓葬里出土的小型随葬品中，也有我国自制的玻璃制品。

从远古到西周是中国图像技术和光学发展的萌芽期，很多古代典籍中都包含有图像科学技术知识的记述和论述，诸如《诗经》《周礼》《尚书》《礼记》等。作为我国第一部诗歌总集的《诗经》，在文学发展史上具有突出的地位，它反映了西周初年至春秋中叶中国社会的生活面貌，其中有许多关于彩虹、萤火虫的荧光、圭表、火炬的诗篇，充满了人们对光、影、像的关注、疑惑和猜想。《周礼》被称为“中国古文化史的宝库”，所涉及之内容极为丰富，其中记载了阳燧、烽燧通信、土圭等，是中国早期图像光学知识的珍贵记录。

从这些典籍中我们知道，从远古到西周时期，我国的光学成就主要有人造光源的发明、圭表的发明、反射镜的发明三个方面。这三项发明的意义十分重大，为春秋战国及之后人们揭示光的性质、成像规律和广泛应用提供了必要条件和有力支撑，为中国图像科学技术的发展奠定了坚实的基础。

贰 图像科学技术的形成期

东周到秦朝（前 770—前 207 年）是中国图像科学技术的逐渐形成期。

东周到秦是中国社会大变革的时代，东周又分为春秋和战国两个阶段。这一时期中国从奴隶社会向封建社会过渡，人们的思想异常活跃，出现了百花齐放、百家争鸣的局面，形成了一些有代表性的学派，如儒家、道家、墨家、法家、名家等。那时的大思想家有李耳、孔丘、墨翟、杨朱、庄周、荀况、韩非（图 5）等，史称“先秦诸子”。诸子各家相互批判，又相互借鉴、吸收、渗透，使春秋战国时期成

图 5　韩非子（程乃莲 绘）

为中国历史上思想最活跃、文化最灿烂的时期。诸子的学术思想对中国传统文化产生了深远的影响，中国传统文化的基本构架由此形成。

东周到秦也是从青铜器过渡到铁器的时代。铁器的广泛使用促进了生产力的迅速发展，生产技术的改革出现了生气勃勃的景象，生产关系处于巨大变革之中，科学技术亦达到前所未有的发展高峰。

坚硬铁器的使用，使春秋时图像的承载物从甲骨、青铜延伸到更为坚实耐久的石头上。考古发现，春秋时秦国就有石鼓石刻，及至秦统一天下，秦始皇出巡，在重要的地方刻石 7 次。[①] 刻石的内容多为文字，而文字就其形式而言也是

① 《史记》卷 6《秦始皇本纪》记载，始皇帝在公元前 221 年统一六国后，曾 5 次出巡，在这 5 次巡游中，他 4 次在 7 个地方立巨石刻字建碑以记其功绩。共有 7 处，分别称“绎山刻石”（前 219 年）、“泰山刻石”（前 219 年）、“琅邪刻石”（前 219 年）、“之罘刻石”（前 218 年）、“东观刻石”（前 218 年）、“碣石刻石”（前 215 年）和“会稽刻石”（前 210 年）。（《史记》，北京：中华书局，2008 年，第 159—209 页）秦七刻石原石大多毁损无存，经考证，属于秦代原刻者，仅存“泰山刻石”和“琅邪刻石”残石。其中“泰山刻石”仅存二世诏书 10 个字，又称“泰山十字”，现存于泰山脚下的岱庙内。“琅邪刻石”也已大部剥落，仅存 12 行半，84 个字，现存于中国历史博物馆。秦七刻石中 6 篇刻石碑文在《史记·秦始皇本纪》中均有全文记载，独“绎山刻石”有名无文，后世“绎山刻石”多根据南唐徐铉摹本。秦七刻石大多有摹拓本传世，各本碑文与《史记》所载略有不同，相传均由秦相李斯书写，为秦篆的代表作，是秦统一文字的标准和历史见证。

图像的一种，特别是中国的象形文字本来就源出图像。由此可见，图像在春秋时就被镌刻下来，发挥立威传名和发布政令的功用了。

在两周时期感性经验的基础上，东周时期人们开始把光现象作为一个专门的研究对象，并且出现了实验手段与理论概括。圭表的长期应用，使成影理论的探求成为可能；金属冶炼技术的成熟，使反射镜的制作水平大大提高，这一时期不但有了性能良好的平面镜与球面镜，而且出现了曲率不等的反射镜；透明材料已有使用。以上这些都为光的反射与折射的研究提供了物质基础。此外，天文天象研究所获得的成果丰富了人们的光学知识，染色工艺的进步推动了人们对颜色的研究。

特别要提及的是，这一时期与光学有关的玻璃、平面镜制造有了重大进展。在战国曾侯乙墓中出土了大量的料珠和玻璃珠，这说明玻璃制造技术在此时已较为成熟。战国时人们还制造出了被称为“魔镜”的特制铜镜，该镜背面的花纹和铭字都是凸起的，用这种铜镜反射日光，墙上出现与背面图形相似的花纹轮廓，好像光会从镜中透过似的，所以又称“透光镜”（图 6）。

公元前 221 年，秦始皇统一六国，中央集权代替了诸侯割据，秦开始了统一文字、统一度量衡等改革。秦及其以前

图6 透光镜（右下为墙上出现的与背面图形相似的花纹轮廓）

的历史时期，我国图像文化纯正自然，没有受到域外文化的影响。秦统一天下后，中国版图扩张，与域外交涉日广，域外的图像风格、科学技术、文化也渐次传入。秦世短暂，许多变化始肇端而未渐，至秦以后，中国社会及其科学技术文化焕然一变。

东周至秦这一时期出现了许多传世典籍，其中有很多有关图像科学技术的内容。战国时韩非（约前280—前233年）在其著作《韩非子》中记载，有人在豆荚内膜上作精细图画，然后放在阳光照射的墙板洞上，则屋内墙壁上龙蛇车马历历可见。[①] 春秋末年齐国人所著《考工记》

①《韩非子·外储说左上》："客有为周君画策者，三年而成。君观之，与髹策者同状。周君大怒。画策者曰：'筑十版之墙，凿八尺之牖，而以日始出时加之其上而观。'周君为之，望见其状尽成龙蛇禽兽车马，万物之状备具。周君大悦。此策之功非不微难也，然其用与素髹策同。"参见（战国）韩非撰，秦惠彬校点：《韩非子》，沈阳：辽宁教育出版社，1997年，第101—102页。

中记述了许多光学方面的技术与知识，如《考工记·栗氏》中记述了制造青铜器物的合金比例①；《考工记·画缋》中依据染色、刺绣选彩线的实践而认识到颜色及其相次之法则②；《考工记·匠人》《考工记·玉人》中还分别记述了以标杆和土圭测日影、定方向的方法③。墨家学派的领袖墨子是这一时期图像科学、光学技术方面最卓越的人物，墨家的《墨经》则是这一时期图像科学、光学技术方面最出色的典籍。

墨子与《墨经》

墨子（约前468—约前376年）（图7），名翟，春秋战国时

①《周礼·冬官考工记》："栗氏为量，改煎金、锡则不耗，不耗然后权之，权之然后准之，准之然后量之。量之以为鬴，深尺，内方尺而圜其外，其实一鬴。其臀一寸，其实一豆；其耳三寸，其实一升。重一钧，其声中黄钟之宫，概而不悦。其铭曰：'时文思索，允臻其极。嘉量既成，以观四国。永启厥后，兹器维则。'凡铸金之状，金与锡，黑浊之气竭，黄白次之；黄白之气竭，青白次之；青白之气竭，青气次之；然后可铸也。"崔高维校点：《周礼》，第81页。

②《周礼·冬官考工记》："画缋之事，杂五色。东方谓之青，南方谓之赤，西方谓之白，北方谓之黑，天谓之玄，地谓之黄。青与白相次也，赤与黑相次也，玄与黄相次也。青与赤谓之文，赤与白谓之章，白与黑谓之黼，青与黑谓之黻。五采备，谓之绣。"崔高维校点：《周礼》，第82页。

③《周礼·冬官考工记》："匠人建国，水地以县，置槷以县，眡以景。为规，识日出之景，与日入之景，昼参诸日中之景，夜考之极星，以正朝夕。"崔高维校点：《周礼》，第85页。

宋国人，战国时期著名的思想家、科学家、社会活动家，墨家学派的创始人。墨翟和他所创立的墨家学派中的大多数人都是直接参加生产劳动的，并且有刻苦钻研的精神，热衷于自然科学的研究，墨翟自己就是一个精通木工的手工业者。墨家的许多创造发明都对后世的科学技术发展产生了极大的推动作用。墨家的针孔暗匣实验是世界上第一个小孔成像实验。小孔成像是光学上最基本的原理之一，是摄影术的基础，人们发现小孔成像后，原则上只要在暗匣内屏幕地方放上底片就可以照相了，再进一步，人们就可以制成世界上第一个针孔照相机。

图 7　墨子（程乃莲 绘）

墨翟和他的弟子把他们的思想、言论、活动以及科学技术知识汇编成一本书，这就是春秋战国时期科学技术知识的代表作《墨子》。《墨经》是《墨子》的主要组成部分。一般认为《墨经》有《经上》《经下》《经上说》《经下说》四篇，其中《经说》是对《经》的解释或补充。《墨经》以连续八条文字记载了光学成像问题，集中反映了春秋战国时期我国光学的重大成就。它们依次为：

（1）影的定义及影子生成的道理；

（2）光线与影的关系；

（3）光的直线行进性质，并以小孔成像（图 8）的实验证明这种性质；

（4）光反射特性；

（5）从物体与光源的相对位置来确定影子的大小；

（6）平面镜反射成像；

（7）凹面镜反射成像；

（8）凸面镜反射成像。

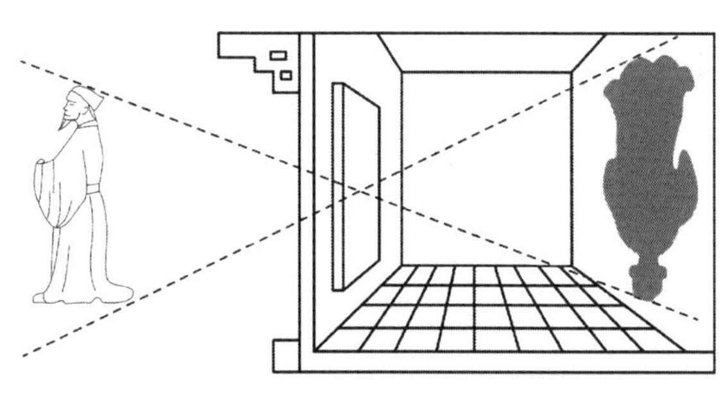

图 8 《墨经》的小孔成像图

这“光学八条”虽寥寥数百字，却描述了从基本的、简单的现象到比较复杂的现象，从影的分析到像的分析，条理清晰，逻辑严谨，是墨家从事光学实验、进行精密观察的忠实记录，这也是人类在光学知识方面的最早文字记载。“光学八条”是几何光学的奠基石，是摄影光学的始祖，更是图像学的理论先驱，可称得上是两千多年前世界上最伟大的光学著作。它比世界上公认的、最早的光学著作——欧几里得的《光学》早了一百多年。墨家在光学领域的研究工作，奠定了今天光学及数字成像的理论基础，为我国古代科学技术的发展做出了不可磨灭的贡献，他们的研究所达到的广度和深度，在当时是世界罕见的。

图像科学技术的上升期

从汉到五代时期（前 206 年—960 年），是中国图像科学技术的上升期。

汉承秦制，并确立了以儒家为核心的思想文化格局。两汉时期是中国传统文化的大一统时期，国家生产力和科学技术得到了空前的发展。两汉至隋唐五代的一千多年中，既有龙争虎斗、战火纷飞的政权分立时期，也有江山一统、天下太平的相对稳定时期。其中，西汉继秦统一四海，治理天下前后两百余年，一时极盛；到了东汉，社会生产生活、科学技术等许多方面都走在世界的前列，同时，对外交流增多，佛教东渐，依赖此时兴盛的国力，佛教画像、雕像等造像图像也兴旺繁多。三国时期，虽政权分裂，但科学技术在汉代的基础上继续稳健发展。三国统一于晋，晋亡后的一百多年间中国一度处于分裂局面，直至隋朝（581—618 年）建立后才重新统一。

唐朝（618—907年）继隋而起，宇内统一，四海昌平，威令远达中亚地区。唐朝中外交流频繁，思想开放包容，开一代文明新风，中国的文化艺术和科学技术迅速发展，成就卓著，堪称一代宗师的文化名人纷纷涌现。当时东西方各国的使者、学者和商人慕名而来，涌入长安等地进行学习和交流，并产生了中华文化圈，改变了东亚地区的文化面貌。中国的造纸术、炼丹术、数学和瓷器传入西方，中国传统科学技术走向世界，对印度、阿拉伯、欧洲和非洲都产生了一定的影响，有力地推动了世界科学技术发展的进程。唐末五代，虽国家战事频仍、政权更替频繁，但图像文化及图像科学技术发展延传不辍，及至宋代，乃有大成。

这一时期中国经历了几次统一、分裂的社会政治发展轮回，封建制度日趋完善，科学技术不断进步，我国古代图像科学技术也随之循序稳健发展。作为图像制作和传播技术的印染与拓印，在这一时期得到了空前发展和普遍应用。1972年，湖南长沙马王堆一号汉墓（公元前165年左右）出土的两件印花纱采用凸纹板印的印染技术印刷。印染是在木板上刻出花纹图案，再用染料印在布上的技术。专家考证这种技术可能早于秦汉，可上溯至战国，可以说是较早的图像的机具复制技术。而后起的拓印则可视为印染的发展分支。汉朝时在太学门前树立《诗经》《尚书》《周易》《礼记》《春秋》《公羊传》《论语》等七部儒家经典的石碑，很多人争相抄写，可是抄写太费事而且容易有错漏，在东汉蔡伦发明造纸术后的魏晋南北朝时，就有人用纸将经文拓印下来，这样的方法比手抄简便、可靠。印染和拓印的产品都是图像，可以说是较早的机具复制图像。图像就这样分为两大获得途径，一面展开着手工绘制图像及与手工绘制图像平行相对的机具复制图像发展的历程，一面展开着图像光学科学及技术发展的历程。它们朝向各自的方向，沿着各具特色的道路，不断推进拓展，共同构成了图像发展的总体历程。

这一时期也出现了许多出色的思想家、科学家和优秀的文化历史书籍。许多书籍中记载或详述了图像科学技术的经验观察及图像光学现象。

中国史学名著《史记》中就有最早的关于海市蜃楼的记载。[①]《史记》和另一部史学著作《汉书》中都记载有西汉时期汉武帝刘彻因思念已故的李夫人，延请方士齐人少翁以光影“招魂”的故事。少翁于夜间挂帷帐，张灯烛，造图像，

①《史记》卷27《天官书》:“故北夷之气如群畜穹闾，南夷之气类舟船幡旗。大水处，败军场，破国之虚，下有积钱，金宝之上，皆有气，不可不察。海旁蜄气象楼台；广野气成宫阙然。云气各象其山川人民所聚积。”《史记》，第150页。

以“活动影片”（图9）使武帝恍如重见李夫人容貌，武帝还为之写下“是邪，非邪？立而望之，偏何姗姗其来迟！”的诗句。[①] 这有趣的记述表明，幻灯、电影艺术实在也滥觞于中国，欧洲人直到17世纪才设计出第一台投影图片的幻灯机。

图9　李少翁用“活动影片”为汉武帝重现李夫人容貌

①《汉书》卷97《外戚传上》：“上思念李夫人不已，方士齐人少翁言能致其神。乃夜张灯烛，设帷帐，陈酒肉，而令上居他帐，遥望见好女如李夫人之貌，还幄坐而步。又不得就视，上愈益相思悲感，为作诗曰：‘是邪，非邪？立而望之，偏何姗姗其来迟！’令乐府诸音家弦歌之。上又自为作赋，以伤悼夫人。”《汉书》，北京：中华书局，2008年，第2910页。

东汉王符（图 10）在《潜夫论》中提出，人的眼睛能看见物体是由于物体受到光的照射的缘故，该书《释难》篇中还首次记述了光的叠加现象。

东晋葛洪（图 11）在其著作《抱朴子》中多次记述了组合平面镜中所见多个影子的情形，具体涉及由两个平面镜组成的“日月镜”、由四个平面镜组成的“四规镜”，葛洪称此为“镜道”，并将这种组合平面镜成影技术称为“分形术”。

图 10　王符（程乃莲 绘）

图 11　葛洪（程乃莲 绘）

唐初的王度在《古镜记》中描述了“承日照之，则背上文画，墨入影内，纤毫无失”[①]的透光镜。

唐代著名诗人张志和（图 12）所撰《玄真子》中包含了丰富的自然科学技术知识，其中对大气光象的研究十分出色，他对雷、电、虹、霓等现象的本质及成因都进行了比较科学的分析。书中所载“背日喷水成虹霓之状”的描述是中国古代对虹霓现象进行研究的著名的“人造彩虹”实验，是十分珍贵的科学技术史料。它在 8 世纪就证实了虹霓是由日光照射水滴所形成的，对虹霓的本质做出了正确的解释。而欧洲对虹霓的人工模拟实验于 13 世纪才开始，比张志和晚了 500 多年。除了对大气光象研究的记载与分析外，《玄真子》还对光与影、视觉暂留、视错觉作了生动的记载，是中国古代一部很了不起的学术著作。

晚唐段成式（图 13）的《酉阳杂俎》，不仅记述了从南北朝至唐代的政治、历史、文化与社会生活史料，而且兼及大量科学技术史料和自然现象，其中有关光学现象的文字，论述了月球上阴影的成因、画佛所用磷光物质以及冷光现象、塔影倒垂等。该书不但在我国声名远播、历代流传，同时也很受国外学者的重视。

---

① 沙振舜、韩丛耀编著：《中国影像史·古代卷》，北京：中国摄影出版社，2015 年，第 137 页。

图 12 张志和（程乃莲 绘）

图 13 段成式（程乃莲 绘）

南北朝时梁朝皇侃在《礼记》中关于颜色的见解是这一时期的重要光学成就。书中较为确切地叙述了织染颜色过程中由两种颜色混合而产生第三色的现象，即青与黄成绿（青黄），朱与白成红（赤白），白与青成碧（青白），黑与黄成骝黄（黄黑）。皇侃提出的五色（青、赤、黄、白、黑）中，前三色的顺序与近代颜色学中减色法（青、品红、黄）的本质是相同的。

当然，在图像科学技术上升期最为出色的、与图像科学思想及光学技术关系最密切的，对中国图像科学技术发展产生深远影响的重要典籍还包括西汉刘安的《淮南万毕术》、东汉王充的《论衡》、西晋张华的《博物志》和五代南唐谭峭的《化书》。

刘安与《淮南万毕术》

图 14　刘安（程乃莲 绘）

刘安（前 179—前 122 年，图 14），西汉淮南王，汉高祖刘邦之孙，西汉思想家、文学家。刘安好读书鼓琴，善为文辞，才思敏捷，曾招宾客方士集体编写《淮南子》《淮南万毕术》。

成书于大约公元前 2 世纪的《淮南万毕术》中有很多光学成像方面的重要记载，它是十分宝贵的资料，反映了西汉时期我国图像科学技术的主要成就。书中以生动有趣的例子说明某些光学现象，显示出丰富的光学成像知识和高超的图像科学思想。书中多次述及阳燧及其焦点的朦胧概念，记载了“冰透镜”及其取火方法（图 15），书中所录实验中对“影”的描绘，是迄今已发现的关于焦点的最早记载。书中还记述了以组合平面镜的形式制造开管式潜望镜（图 16）的实验：“取大镜高悬，置水盆于其下，则见四邻矣。”① 这是利用了平面镜两次成像的原理，可以说是

① 沙振舜、韩丛耀编著：《中国影像史 · 古代卷》，第 70 页。

世界上最早的潜望镜。

图 15　冰透镜取火

图 16　汉代开管式潜望镜

从《淮南万毕术》所记载的光学知识看，刘安及其门客不仅掌握了一定的自然科学知识，而且能动手实验，尽管书中的有些实验记载还不够翔实，但对于物理现象和规律的创造性设想难能可贵。有些图像科学思想，如对光学的认识等，在当时甚至处于世界先进水平。

图 17　王充（程乃莲 绘）

王充与《论衡》

王充（约 27—97 年，图 17），字仲任，东汉大思想家。王充自幼聪明好学，博览群书，胸怀远志，青年时负笈千里，游学于京都洛阳。在洛阳，王充入太学，观大礼，阅百家，增学问，开眼界，访名儒，并拜大学者班彪为师，形成了博大求实的学术风格。王充一生仕路不亨，只做过几任郡县僚属，且多坎坷沮阻，但他在学术思想上孜孜以求，极具独立精神，以事实验证言论，写出了中国历史上一部不朽的古代唯物主义的哲学、无神论著作——《论衡》。

《论衡》不但是我国古代科学思想史上一部划时代的杰作，而且是我国古代科学技术史上极其重要的典籍。“论衡”书题之意乃“论之平也”，“衡”字本义是天平，“论衡”就是评定当时言论价值的天平。它的目的是“冀悟迷惑之心，使知虚实之分”。[①] 王充以唯物主义自然观和自然科学知识为基础，集前人无神论思想之大成，以元气自然论论证万物生化。他冲决了正统思想的束缚，努力掌握当代科学技术知识作为阐明自己思想体系的有力依据，在一系列科学技术问题上都提出了自己的精辟见解。

《论衡》中涉及大量的自然知识、物理知识、图像科学思想和光学成像知识，主要有阳燧及金属制光滑凹面物聚焦点火、日食月食的成因、玻璃的制造、玻璃透镜的聚焦取火等问题，阐述了光的强度、光的直线传播问题。其中有些记述是他书所未见者，是非常珍贵的科学技术史料。王充的图像科学思想不但超过前人，甚至超过许多后世学人。他对自然现象的把握和叙述提纲挈领，深得要旨，他的科学思想对后世产生了深远影响。

① (汉) 王充:《论衡》,《诸子集成》本，北京：中华书局，1954 年，第 7 册，第 43 页。

图 18 张华（程乃莲 绘）

张华与《博物志》

西晋张华（232—300 年，图 18），字茂先，西汉留侯张良十六世孙，西晋文学家、政治家。张华幼年丧父，家贫而勤学，《晋书·张华传》中说他学业优博，图纬方伎之书，莫不详览，曾著《鷦鷯赋》以自喻。晋惠帝时，八王之乱爆发，张华被赵王司马伦和孙秀杀害。

张华编撰的《博物志》是一本分类记载异境奇物、古代琐闻杂事及神仙方术等内容的书籍，书中文章短小精悍，言简意赅，生动有趣，有很强的知识性、趣味性，是一部脍炙人口的传世之作。《博物志》为研究中国古代文化和自然科学发展提供了珍贵的资料，其中包括许多光学现象和其他自然科学技术知识，如虫鸟羽毛的衍射现象、磷光现象、“小儿辩日”的光学故事。此外，《博物志》继《淮南万毕术》之后，再一次记述了冰透镜的制作及其对日取火的光学实验。

谭峭与《化书》

图 19　谭峭（程乃莲 绘）

谭峭（860 或 873—968 或 976 年，图 19），字景升，五代南唐著名道士、道学理论家、科学家。谭峭幼时聪颖，博闻强识，成年后，辞家出游，足迹遍及天下名山。他醉心黄老之术，随嵩山道士学道十余年，得辟谷、养气之术，后入南岳衡山修炼，炼丹成，隐居青城山。谭峭本老庄思想，认为道即是“虚实相通”的精神境界，修道者经常保持此境界，就可以“无生死”，达到神化。

谭峭所著《化书》是一部重要的道教思想著作，在中国思想史上有着重要地位。《化书》共六卷，即《道化》《术化》《德化》《仁化》《食化》《俭化》，共 110 篇。唐末五代社会动乱，谭峭虽以学道自隐，却十分关心世道治乱、民生疾苦，他著述《化书》并提出统治者可以依此“六化”医治社会弊病，实现天下太平。

《化书》中涉及多学科的知识，每篇以某种现象来喻明哲理，对哲学、物理、化学、生物、心理、医药等科学都有独到见解。《化书》常以镜的光学成像作为论“道”的依据，其中关于光学成像的论述主要有“四镜”(图 20)、“形影”、“耳目”等篇。[①] 从“四镜”篇可以看出，谭峭对各种透镜成像的情况、光的折射、反射规律的认识都已有相当的科学水平。

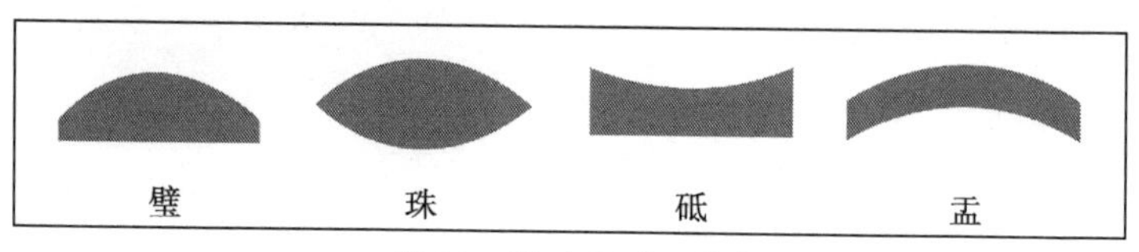

图 20　谭峭的“四镜”

① (五代) 谭峭 :《化书 · 形影》:“以一镜照形，以余镜照影。镜镜相照，影影相传，不变冠剑之状，不夺黼黻之色。”《化书 · 四镜》:“小人常有四镜 : 一名璧，一名珠，一名砥，一名盂。璧视者大，珠视者小，砥视者正，盂视者倒。”《化书 · 耳目》:“目所不见，设明镜而见之 ; 耳所不闻，设虚器而闻之。”参见沙振舜、韩丛耀编著 :《中国影像史 · 古代卷》，第 114—115 页。

肆　图像科学技术的鼎盛期

宋元时期（960—1368年），是中国图像科学技术发展的鼎盛期。

从10世纪宋代到14世纪元代的400多年时间里，中国的自然科学处于繁荣阶段，人才济济、硕果累累，而欧洲此时正处于中世纪的黑暗时期。这一时期中国众多的科学家和能工巧匠，众多的科学发现和技术发明，共同谱写了中国也是世界科学技术史上的灿烂篇章。

宋三百多年间，武运不兴，屡受外侮，国政烦扰，朋党倾轧，学术上多起竞争，但正因此，思想界呈现出活跃状态，俨然春秋时代自由勃兴。自唐以来的科学技术发展到宋得以一结硕果，图像科技也在此时得到了空前发展与较为系统的总结。如沈括及其百科全书式的科学技术巨著《梦溪笔谈》、赵友钦及其记载了当时最大型最完善的光学实验的《革象新书》等。除了光学图像科学技术的发展，宋元时期人们注意到“图像”与“文字”两者的关系，如郑樵在《通志略·图谱略》中就专门讨论了“图”与“书”携手的重要性，阐述了图像对认识事物所起到的作用等。

宋时“影戏”（图 21）尤为盛行。“影戏”可归于应用光学，它发源于秦汉，成形于唐代，在宋代得到进一步发展和普及。宋代的《都城纪胜》一书中介绍了影戏制作材料的演变和表演的内容；宋代高承所撰《事物纪原》卷 9《博弈嬉戏部·影戏》中有关于影戏的详细描述，当时无论是汴梁还是临安，以皮影表演的节目如三国故事、传说等得到人们的普遍喜爱；宋周密所著《武林旧事》在追述南宋京城临安往事时，记载了专门从事影戏业的人和组织，其中著名的有 22 家，除男子之外，还有“女流王润卿”等也从业影戏。由此可见宋代影戏之繁盛，因此国际上有人认为，有声电影不能不拜中国影戏为开山祖。

图 21　皮影戏刘金定招亲（中国美术馆藏）

在宋代，以荧光物质作画为一时风尚。周辉的《清波杂志》、僧人文莹的《湘山野录》都对荧光作画进行了生动描述。江南徐知谔得一幅《画牛图》，白天观看此画时牛在栏外吃草，夜晚再观时则此牛会自己回到牛栏里卧睡。徐知谔把这幅画献给南唐后主李煜，李煜献给了宋太宗，宋太宗给众臣看，无人能解出此画的秘密。这里说的就是用荧光物质作的画。以不同的荧光材料作画，昼夜便会呈现不同的画景于画面上，荧光材料就这样在艺术品上产生了奇特的效果，时人称之为"术画"。

这一时期还有许多其他光学发现。例如，由于玻璃制造业的兴盛，人们制造了多种透镜（水晶或玻璃质地），对透镜成像知识也有了相当了解；水晶分光现象、宝石的变彩变色现象，都在此时被人们发现；元代时，郭守敬还利用小孔成像原理发明了仰仪和景符①。

① 仰仪是我国古代的一种天文观测仪器，景符是测算日心位置时高表的辅助仪器，两者都是元朝天文学家郭守敬设计制造的。仰仪是采用直接投影方法的观测仪器，非常直观、方便。当太阳光透过中心小孔时，在仰仪的内部球面上就会投影出太阳的映像，观测者便可以从网格中直接读出太阳的位置。《元史·天文志》："景符之制，以铜叶，博二寸，长加博之二，中穿一窍，若针芥然，以方框为趺，一端设为机轴，可令开阖，榰其一端，使其势斜倚，北高南下，往来迁就于虚梁之中。窍达日光，仅如米许，隐然见横梁于其中。"（《元史》卷48《天文志一》，北京：中华书局，2008年，第676页）景符利用的是小孔成像原理，使高表横梁所投虚影成为精确实像，清晰地投射在圭面上，达到了人类测影史上的最高精度。

这一时期的许多书籍，特别是小说笔记、本草著作中，都包含了大量的描写图像科学技术知识的内容。

宋代的苏轼（图22）不仅是位文学家，也是个杂家。他所著《物类相感志》中就有涉及感光化学的记载。感光化学是摄影的基础原理，是图像科学技术的基础之一。

公元1116年，北宋药学家寇宗奭（图23）在所撰《本草衍义》中提到："菩萨石映日射之，有五色圆光。"[①] 所述内容即水晶的晶体形态及其分光现象。

图22　苏轼（程乃莲 绘）

图23　寇宗奭（程乃莲 绘）

① 沙振舜、韩丛耀编著：《中华图像文化史·图像光学卷》，北京：中国摄影出版社，2015年，第175—176页。

南宋程大昌（图 24）所著《演繁露》中包含不少光学知识。《演繁露》卷 9《菩萨石》中有："《杨文公谈苑》曰：嘉州峨嵋山有菩萨石，人多收之，色莹白如玉，如上饶水晶之类，日射之有五色，如佛顶圆光。"① 由此可见古代中国对色散现象的观察和发现。

图 24　程大昌（程乃莲 绘）

元代《元史 · 天文志》中有关于孔与影的记述：表高景虚，图像非真。其意思是光孔距离承影板远，见到的图像是虚的；反之，光孔距离承影板近，那么图像就逼真清晰。

宋元之际，最显著的特点是出现了许多重大技术发明，以及一大批论述自然科学技术的典籍，体现了这一时期人们对图像科学技术的关注、探究与成就。这一时期是中国古代科学技术史上的黄金时代，中国对作为图像科学技术基础的光学的观察与研究达到全盛，与同期的欧洲相比，中国观察研究年代之早、范畴之广、钻研之深、成就之大，当之无愧地居于世界前

① 沙振舜：《中华图像文化史 · 图像光学卷》，第 175—176 页。

列。特别是中国古代大科学家沈括及其科学技术著作《梦溪笔谈》、郑樵及其《通志略·图谱略》所创建的图谱学理论体系、赵友钦及其详尽记载了他的许多实验设计及方法的《革象新书》，是当时世界科学技术巅峰的标志性人物和作品。

图 25　沈括（程乃莲 绘）

沈括与《梦溪笔谈》

沈括（1031—1095 年，图 25），字存中，北宋卓越的科学家、政治活动家。沈括出身于官宦之家，自幼爱读书，在母亲指导下，14 岁就读完了家中藏书，又随父亲外任，走过许多地方，大大扩展了他的眼界。沈括博学多才，他的研究活动是多方面的，他的成就也不局限于某一科学技术门类，他精通天文历法、气象、数学、物理、化学、生物、地理、建筑、农艺、工程、医药、卜算等，几乎在自然科学的所有领域都有所建树，显示出超群的才华。沈括是我国乃至世界少有的科学技术通才，英国剑桥大学著名的科技史家李约瑟对沈括思维的精微和敏捷惊叹不已，他在《中国科学技术史》中称赞道："沈括的《梦溪笔谈》是这类（笔记）文献中的代表作，他可能是中国整部科学史中最卓越的人物了。"[①]1979 年，国际上以沈括的名字命名了一颗新星。沈括以其卓越的贡献被载入了世界科学技术的史册。

《梦溪笔谈》是沈括所著的笔记体著作，大约成书于 1086—1093 年，是一部百科全书式的著作，其内容丰富，资料信实，包括天文、数学、地质、地理、气象、物理、化学、生物、农学、医药学、印刷、机械、水利、建筑、矿冶等各个类别，在众多学术领域都有真知灼见，集中反映了我国古代自然科学技术发展到北宋时期达到的辉煌成就，极富学术价值和历史价值。《梦溪笔谈》一中所记述的许多科学技术成就均达到了当时世界的最高水平，无论在我国，还是在世界科学技术史上，都享有极高的声誉，被誉为"中国科学技术史上的里程碑"。

《梦溪笔谈》中沈括所阐述的光学知识非常丰富，他将图像、成像在更大的社会范围内理解和阐述，见解全面、深刻、独到，他的许多观察、论述和实验在当时世界上都是领先的。沈括不仅善于总结前人的科学技术成果，而且对光的

① ［英］李约瑟著，王铃协助：《中国科学技术史·第一卷·导论》，北京：科学出版社、上海：上海古籍出版社，1990 年，第 140 页。

直线传播、凹面镜成像、凸面镜的放大和缩小作用、透光镜的探讨、虹的研究、荧光物质的显隐[①]等，都根据亲身观察和实验，提出自己的见解。

沈括为说明光是沿直线传播的性质进行了“鸢影为窗隙所束”的实验：在纸窗上开一个小孔，使窗外的飞鸟或和楼塔的影子成像于室内的纸屏上面。“鸢影为窗隙所束”是小孔成像（图26）现象，沈括用算家所谓的格术阐述小孔成像的原理，解释小孔和凹面镜成像，开辟了“格术光学”这一光学新领域。这一实验中，鸢是物，影是物的像，从物发出的光沿直线前进，又都通过小孔，所以物向东则像向西，物向西则像向东，光线好像一支橹，小孔就像橹的支柱，支点不动，首尾则向相反的方向运动。[②]根据实验，他准确地指

①《梦溪笔谈》卷21《异事·异疾附》：“卢中甫家吴中，尝未明而起，墙柱之下有光熠然，就视之似水而动，急以油纸扇挹之，其物在扇中滉漾，正如水银而光艳烂然，以火烛之则了无一物。又魏国大主家亦尝见此物。……余昔年在海州，曾夜煮盐鸭卵，其间一卵灿然通明如玉，荧荧然屋中尽明，置之器中十余日，臭腐几尽，愈明不已。苏州钱僧孺家煮一鸭卵亦如是。物有相似者，必自是一类。”（宋）沈括：《梦溪笔谈》，上海：上海书店出版社，2003年，第179页。

②（宋）沈括：《梦溪笔谈》卷3《辨证一》：“阳燧照物皆倒，中间有碍故也，算家谓之‘格术’。如人摇橹，臬为之碍故也。若鸢飞空中，其影随鸢而移，或中间为窗隙所束，则影与鸢遂相违，鸢东则影西，鸢西则影东。又如窗隙中楼塔之影中间为窗所束，亦皆倒垂，与阳燧一也。”（宋）沈括：《梦溪笔谈》，第15—16页。

出了物、孔、像三者之间的直线关系。

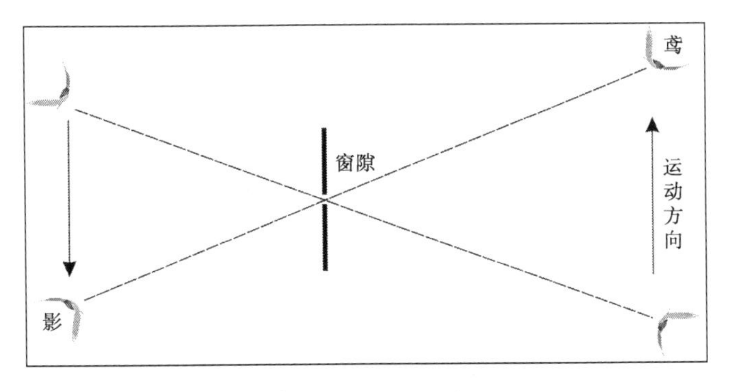

图 26　小孔成像示意图

《梦溪笔谈》继《墨经》之后再次精辟地阐述了“塔影倒”现象。沈括用科学技术阐释了光学成像的基本原理，认为“塔影倒”正是前述小孔成像的结果。①

《梦溪笔谈》中关于阳燧焦点的讨论、通过焦点的诸光线的光路问题、对“透光镜”的机理及其工艺的记述、对平面镜和凸面镜成像的解释、对虹的色散、对油膜干涉与衍射色彩、对冷光的描写等，都是科学技术史上极具价值的文献，对推动光学科学的发展产生了至关重要的承继与推动作用。

① 《梦溪笔谈》卷 3《辨证一》：“《酉阳杂俎》谓‘海翻则塔影倒’，此妄说也。影入窗隙则倒，乃其常理。”（宋）沈括：《梦溪笔谈》，第 16 页。

在大气光学方面，沈括详细记录了他对虹（图 27）的实地观察，记下了虹出现的条件“雨过新晴”，虹出现的方位“与日相对”，观察虹的方向“背日”，并对虹的成因做出了“虹乃雨中日影”的解释。① 这比英国的培根（1561—1626年）对虹的解释早了 200 多年。

图 27　虹

沈括在《梦溪笔谈》中还记录了海市蜃楼（图 28）现象。海市蜃楼，也称蜃景，是一种有趣的大气光学现象，在海上或沙漠中比较容易见到。沈括访问了当地老人，做出了符合事实的记载，用科学技术解释了人们传说的“车马、人

① 《梦溪笔谈》卷 21《异事·异疾附》:“……是时新雨霁，见虹下帐前涧中……自西望东则见，盖夕虹也。立涧之东西望则为日所铄，都无所睹……孙彦先云:‘虹乃雨中日影也，日照雨则有之。’”（宋）沈括:《梦溪笔谈》，第 177 页。

畜之声一一可辨”的现象，并非“夜有鬼神自空中过”。[1]这说明，沈括作为一个严谨的科学家，注重实地调查，且具有不轻信传闻的实事求是的科学精神。

图 28　海市蜃楼

沈括《梦溪笔谈》中详细记载了活字印刷术，这是我国印刷术发明发展的重要史料，也是图像科学技术发展的重要史料。隋唐之际，中国就已经出现了雕版印刷术，但还只是用于印刷佛像、经咒、历书等。目前世界上发现的有确切日

①《梦溪笔谈》：“登州海中时有云气，如宫室、台观、城堞，人物、车马、冠盖历历可见，谓之‘海市’。或曰蛟蜃之气所为，疑不然也。欧阳文忠曾出使河朔，过高唐县，驿舍中夜有鬼神自空中过，车马、人畜之声一一可辨，其说甚详，此不具纪。问本处父老，云二十年前尝昼过县，亦历历见人物，土人亦谓之‘海市’，与登州所见大略相类也。”（宋）沈括：《梦溪笔谈》，第 182 页。

期的最早的雕版印刷书籍，是1900年在甘肃敦煌县千佛洞发现的一卷雕版印刷的《金刚经》[①]，其末尾题着“咸通九年四月十五日王玠为二亲敬造普施”一行字，“咸通九年”即868年，处于中国的唐朝时期。书卷最前面是一幅扉画，画的是释迦牟尼在祇树给孤独园说法的情景，其余印的是《金刚经》全文。《梦溪笔谈》记述：“板印书籍唐人尚未盛为之，自冯瀛王始印五经，已经后典籍皆为板本。庆历中，有布衣毕昇又为活板。”[②]雕版印刷是图像机具复制的新发展，雕版印刷书籍唐代即有，但尚未盛行，在沈括生活的北宋时期，雕版印刷发展到全盛，布衣毕昇在此时又发明了活字印刷术。印刷术是机具复制图像技术的飞跃进步，是中国对世界文化的重大贡献。印刷术传入欧洲后，有力推动了文艺复兴和宗教改革的进行，印刷术对中国、欧洲，乃至世界文化发展有着深远影响，是人类历史上最伟大的发明之一。

郑樵与《通志略·图谱略》

郑樵（1104—1162年，图29），字渔仲，南宋史学家、目录学家。郑樵出身书香门第，从小就受到家庭较好的影响和教育。他一生不应科举，立志读遍古今书，刻苦力学30

---

①《金刚经》，现藏于大英博物馆。

②（宋）沈括：《梦溪笔谈》卷18《技艺》，第153页。

年，毕生从事学术研究，在经学、礼乐之学、语言学、自然科学、文献学、史学等方面都取得了相当高的成就。

图 29　郑樵（程乃莲 绘）

郑樵的代表作《通志》是一部涉及诸多知识领域的巨著，共 200 卷，分传、谱、略三部分，其中的“二十略”共 52 卷，是全书精华。《通志》初稿于 1152 年完成，堪称世界上最早的一部百科全书。中国自古以来就有“图经书纬”的说法，认为书和图是相辅相成的，但后人往往专注于书而忽略了图。在《通志略·图谱略》中，郑樵详细阐述了图像学对认识事物所起到的作用，讨论了“图像”与“文字”两者相辅在学习、认知、记录、说明、阐释中的必要性和重要性，提出治学的"要义"是图、书并读。其中，用《索象》《原学》《明用》三篇说明了图与书的关系；用《记有》著录了当时尚存的图谱；用《记无》著录了当时已经亡佚的图谱，《记有》和《记无》共载各种图样、谱系计 381 幅。

郑樵以严密的逻辑、生动的笔触，深入浅出地论述了图谱的作用、价值及意义，创建了图谱学的理论体系，这是对中国古代图学认识功能的第一次全面总结，也是世界上最早进行的图学研究的系统性理论。郑樵的图学思想为后世大量有图谱的科学技术专著的出现奠定了思想基础，同时也确立了图谱学的历史地位。

笔者兹引用《索象》《原学》《明用》三篇，并附简略释义，以表达对这位世界级的大科学家的敬意并飨读者。

[原文]《索象》

河出图，天地有自然之象；洛出书，天地有自然之理。天地出此二物以示圣人，使百代宪章必本于此而不可偏废者也。图，经也；书，纬也。一经一纬，相错而成文。图，植物也；书，动物也。一动一植，相須而成变化。见书不见图，闻其声而不见其形；见图不见书，见其人不闻其语。图，至约也；书，至博也。即图而求易，即书而求难。古之学者，为学有要，置图于左，置书于右，索象于图，索理于书。故人亦易为学，学亦易为功，举而措之，如执左契。后之学者，离图即书，尚辞务说，故人亦难为学，学亦难为功，虽平日胸中有千章万卷，及真之行事之间，则茫茫然不知所向。秦人虽弃儒学，亦未尝弃图书，诚以为国之具，不可一日无也。萧何知取天下易，守天下难，当众人争取之时，何则入咸阳，先取秦图书以为守计。一旦干戈既定，文物悉张，故萧何定律令而刑罚清。韩信申军法而号令明，张苍定章程而典故有伦，叔孙通制礼仪而名分有别。且高祖以马上得之，一时间武夫役徒知诗书为何物？而此数公又非老师宿儒博通古今者，若非图书有在指掌可明见，则一代之典未易举也。然是时挟书之律未除，屋壁之藏不启，所谓书者有几，无非按图之效也。后世书籍既多，儒生接武，及乎议一典礼，有如聚讼，玩岁愒日，纷纷纭纭。纵有所获，披一斛而得一粒，所得不偿劳矣。何为其然哉？歆向之罪，上通于天。汉初典籍无纪，刘氏创意总括群书，分为七略，只收书不收图，艺文之目，递相因习。故天禄兰台三馆四库内外之藏，但闻有书而已，萧何之图自此委地。后之人将慕刘班之不暇，故图消而书日盛。惟任宏校兵书一类，分为四种，有书五十三家，有图四十三卷，载在《七略》，独异于他。宋齐之间，群书失次，王俭于是作《七志》以为之纪，六志收书，一志专收图谱，谓之图谱志。不意末学而有此作也，且有专门之书，则有专门之学。有专门之学，则其学必传，而书亦不失。任宏之略，刘歆不能广之；王俭之志，阮孝绪不能续之。孝绪作七录，散图而归部录，杂谱而归记注。盖积书犹调兵也，聚则易固，散则易亡。积书犹赋粟也，聚则易赢，散则易乏。按任宏之图与书几相等，王俭之志自当七之一。孝绪之录，虽不专收犹有总记，内篇有图七百七十卷，外篇有图百卷，未知谱之如何耳。隋家藏书，富于古今，然图谱无所系，自此以来，荡然无纪。至今虞夏商周秦汉上代之书具在，而图无传焉。图既无传，书复日多，兹学者之难成也。天下之事不务行而务说，不用图谱可也，若欲成天下之事业，未有无图谱而可行于世者。作图谱略。①

[解说]

在《索象》这一篇，作者阐明为何作图谱略。

所谓“索象”，即对实物图谱的研究及探索，并与文献资料相佐证。该篇“辨章学术”，追本溯源。首先指出：河

① 转引自沙振舜、韩丛耀编著:《中华图像文化史·图像光学卷》，第161—162页。

出图，天地有自然之象；洛出书，天地有自然之理。天地出此二物以示圣人，使百代宪章必本于此而不可偏废者也。郑樵将图谱的渊源归结到“河图”。按历史的有关记载，“河图”为5000年前的伏羲所得，并据此绘出了八卦；而“洛书”为大禹所获。尽管当时的历史记载并不十分确凿，但跟图画与文字孰先孰后产生的情况大体相符。图早就作为人们传递信息的手段应运而生了。

继而他从不同角度、不同层面，阐明和论述了“图谱”的重要性。他说：（古之学者）为学有要，置图于左，置书于右，索象于图，索理于书。故人亦易为学，学亦易为功……（后之学者）离图即书，尚辞务说，故人亦难为学，学亦难为功。又言：图，至约也；书，至博也。即图而求易，即书而求难。

郑樵从正反两方面讲明了图谱在“为学”中的重要意义与作用，同时也交代了“即图而求易”的原因。

郑樵特别强调：秦人虽弃儒学，亦未尝弃图书，诚以为国之具，不可一日无也。又言：天下之事不务行而务说，不用图谱可也，若欲成天下之事业，未有无图谱而可行于世者。这就说明“治国平天下”图谱亦是必不可少的，而且还用历史上的事实加以印证。楚汉之争时，萧何一入咸阳，“先取秦图书”。刘邦等人“若非图书有在指掌可明见，则一代之典未易举也。然是时挟书之律未除，屋壁之藏不启，所谓书者有几，无非按图之效也。”也正像郑樵在《年谱序》中讲的：“为天下者不可以无书，为书者不可以无图谱，图载象，谱载系。为图所以周知远近，为谱所以洞察古今。”[①] 这同时表明郑樵已认识到，图和文字一样，也是一种“语言”。按今现代信息论的观点，一切图样都是信息的载体，即图形信息。图在人类社会和科学技术的发展历程中，发挥了语言文字所不能替代的巨大作用。而图比文字直观性更强。

郑樵还用了一连串形象而贴切的比喻说明了“图”与“书”的关系：“见书不见图”，如“闻其声而不见其形”；“见图不见书”，如“见其人不闻其语”，生动地揭示了二者密不可分的关系。这正是郑樵的真知灼见。他说：“图，经也；书，纬也。一经一纬，相错而成文。”道出了“图”与“书”相辅相成，不可偏废。他又说：“图，植物也；书，动物也。一动一植，相須而成变化。”点明了二者相辅相成的关系。郑樵以无可辩驳的哲理，对图谱的作用和重要性作了全面而系统的总结。他的论述打破了宋以前“知有书而不知有图”的学术风气，为后世图学专著的大量出现，奠定了思想基础。

郑樵论证了图与书的相互关系，史称“左图右书”，“索

① 转引自沙振舜、韩丛耀编著：《中华图像文化史·图像光学卷》，第 162 页。

象于图，索理于书”为古今学者治学和读史的重要方法。但古人辑录书目，重书而废图。郑樵在《通志略·图谱略》中对前人如何对待“图谱”也做了品评。他的评价多数是恰当的、客观的，如对王俭的《七志》能设“图谱志”，专收图谱，给予称赞；对阮孝绪的《七录》虽能“书”“图”兼收，却将“图谱”分散于各部录而有微词。但他有的评价则是苛求前人，语多偏激，如“武夫役徒知诗书为何物？”尽管如此，我们也不能因此而否定他的成就与贡献。

[原文]《原学》

何为三代之前学术如彼，三代之后学术如此？汉微有遗风，魏晋以降，日以陵夷。非后人之用心不及前人之用心，实后人之学术不及前人之学术也。后人学术难及，大概有二：一者义理之学，二者辞章之学。义理之学尚攻击，辞章之学务雕搜。耽义理者，则以辞章之士为不达渊源；玩辞章者，则以义理之士为无文彩。要之，辞章虽富如朝霞晚照，徒焜耀人耳目；义理虽深如空谷寻声，靡所底止。二者殊途而同归，是皆从事于语言之末而非为实学也。所以学术不及三代，又不及汉者，抑有由也。以图谱之学不传，则实学尽化为虚文矣。其间有屹然特立风雨不移者，一代得一二人，实一代典章文物法度纪纲之盟主也。然物希则价难平，人希则人罕识，世无图谱，人亦不识图谱之学。张华晋人也，汉之宫室，千门万户，其应如响，时人服其博物。张华固博物矣，此非博物之效也，见汉宫室图焉。武平一唐人也，问以鲁三桓郑七穆春秋族系，无有遗者，时人服其明春秋。平一固熟于春秋矣，此非明春秋之效也，见春秋世族谱焉。使华不见图，虽读尽汉人之书，亦莫知前代宫室之出处；使平一不见谱，虽诵春秋如建瓴水，亦莫知古人氏族之始终。当时作者，后世史臣，皆不知其学之所自，况他人乎！臣旧亦不之知，及见杨佺期《洛京图》，方省张华之由；见杜预《公子谱》，方觉平一之故，由是益知图谱之学，学术之大者。且萧何刀笔吏也，知炎汉一代宪章之所自，歆向大儒也，父子纷争于言句之末，以计较毫厘得失而失其学术之大体。何秦人之典萧何能收于草昧之初，萧何之典歆向不能纪于承平之后？是所见有异也。逐鹿之人意在于鹿，而不知有山；求鱼之人意在于鱼，而不知有水。刘氏之学，意在章句，故知有书而不知有图。呜呼！图谱之学绝纽，是谁之过与。①

---

① 转引自沙振舜、韩丛耀编著：《中华图像文化史·图像光学卷》，第163页。

[解说]

《原学》这一篇，郑樵分析了学术今不如昔的原因。首先郑樵认为，三代以后的学术不如三代之前，汉代又不及三代，魏晋以来，更是日益衰败。郑樵针对当时的学风指出：后人学术不及前人学术的原因是义理、辞章二者各偏执一端，相互攻讦。耽义理者，则以辞章之士为不达渊源；玩辞章者，则以义理之士为无文彩……皆从事于语言之末而非为实学也。除了当时学风的原因外，还有一个重要的原因，即以图谱之学不传，则实学尽化为虚文矣。

郑樵还列举了历史上的人与事加以说明。他在说明图谱的重要性时以晋代建筑学家张华为例。他认为，张华之所以对汉代的宫室、千门万户了如指掌，回答武帝之问“能应答如流，听者忘倦，画地成图，左右属目”[①]，关键在于他对《汉宫室图》强记默识。又如唐人武平一“问以鲁三桓郑七穆春秋族系，无有遗者”，是因为他看到了《春秋世族谱》。若“使华不见图，虽读尽汉人之书，亦莫知前代宫室之出处；使平一不见谱，虽诵春秋如建瓴水，亦莫知古人氏族之始终”。这也是郑樵见到杨佺期的《洛京图》、杜预的《公子谱》之后，才得知的个中缘由，“益知图谱之学，学术之大者”。

① 转引自沙振舜、韩丛耀编著：《中华图像文化史·图像光学卷》，第164页。

既然古之学者早已形成“左图右书”的阅读传统，为何到了宋代却有“见书不见图”之弊呢？如果追本溯源，可上至东汉刘向、刘歆编《七略》创立体例时收书不收图。刘向父子虽为汉代大儒，但却重书而轻图，“纷争于言句之末，以计较毫厘得失而失其学术之大体”恰如“逐鹿之人意在于鹿，而不知有山；求鱼之人意在于鱼，而不知有水”，形象生动地说明了“刘氏之学，意在章句，故知有书而不知有图”的偏颇。

[原文]《明用》

善为学者，如持军治狱。若无部伍之法，何以得书之纪？若无核实之法，何以得书之情？今总天下之书，古今之学术，而条其所以为图谱之用者十有六：一曰天文，二曰地理，三曰宫室，四曰器用，五曰车旗，六曰衣裳，七曰坛兆，八曰都邑，九曰城筑，十曰田里，十一曰会计，十二曰法制，十三曰班爵，十四曰古今，十五曰名物，十六曰书，凡此十六类。有书无图，不可用也。人生覆载之间，而不知天文地理，此学者之大患也。在天成象，在地成形，星辰之次舍，日月之往来，非图无以见天之象；山川之纪，夷夏之分，非图无以见地之形。天官有书，书不可以仰观；地理有志，志不可以俯察，故曰天文地理无图有书不可用也。稽之人事，有宫室之制，有宗庙之制，有明堂辟雍之制，有居庐垩室之制，有台省府寺之制，有庭溜户牖之制。凡宫室之属，非图无以作室。有尊彝爵斝之制，有簠簋俎豆之制，有弓矢铁钺之制，有圭璋璧琮之制，有玺节之制，有金鼓之制，有棺椁之制，有重主之制，有明器祭器之制，有钩盾之制。凡器用之属，非图无以制器。为车旗者，则有车舆之制，有骖服之制，有旂旐之制，有仪卫卤簿之制，非图何以明章程？为衣服者，则有弁冕之制，有衣裳之制，有屦舄之制，有笄总之制，有襚含之制，有杖绖之制，非图何以明制度？为坛域者，则有坛埠之制，有邱泽之制，有社稷之制，有兆域之制，大小高深之形非图不能辨。为都邑者，则有京辅之制，有郡国之制，有闾井之制，有市朝之制，有蕃服之制，内外重轻之势，非图不能纪。为城筑者，则有郛郭之制，有苑囿之制，有台门魏阙之制，有营垒斥（候）之制，非图无以明关要。为田里者，则有夫家之制，有沟洫之制，有原隰之制，非图无以别经界。为会计者，则有货泉之制，有贡赋之制，有户口之制，非图无以知本末。法有制，非图无以定其制。爵有班，非图无以正其班。有五刑，有五服，五刑之属有适轻适重，五服之别有大宗小宗。权量所以同，四海规矩所以正，百工五声八音十二律有节，三歌六舞有序，昭夏肆夏宫陈轩陈，皆法制之目也，非图不能举。内而公卿大夫，外而州牧侯伯，贵而妃嫔，贱而妾媵，官有品，命有数，禄秩有多寡，考课有殿最，缫籍有数，玉帛有等，上下异仪，尊卑异事，皆班爵之序也，非图不能举要。通古今者，不可以不识三统五运，而三统之数、五运之纪，非图无以通要。别名物者，不可以不识虫鱼草木，而虫鱼之形、草木之状，非图无以别要。明书者，不可以不识文字音韵，而音韵之清浊、文字之子母，非图无以明。凡此十六种，可以类举。为学者而不知此，则章句无所用，为治者而不知此，则纲纪文物无所施。①

[解说]

《索象》《原学》两篇从理论上对“图谱”的产生、流传、重要意义与价值作了深入的探讨，《明用》篇则从“图谱”在实践中的应用，阐明其职能及作用。

郑樵在占有丰富的资料与前人成果的基础上，经过自己的细致研究与筛选，系统地总结了图在各个领域的应用，包

① 转引自沙振舜、韩丛耀编著:《中华图像文化史·图像光学卷》，第164—165页。

括天文、地理、宫室、器用、城筑、会计、法制等十六个方面，而“凡此十六类。有书无图，不可用也”。而后他一一讲明理由：人生覆载之间，而不知天文地理，此学者之大患也。在天成象，在地成形，星辰之次舍，日月之往来，非图无以见天之象；山川之纪，夷夏之分，非图无以见地之形。天官有书，书不可仰观；地理有志，志不可以俯察。故曰天文地理无图有书不可用也。又如“凡宫室之属，非图无以作室”，“凡器用之属，非图无以制器”，“为坛域者……大小高深之形非图不能辨”。郑樵的这些论述是对中国古代图学认识功能的第一次全面总结。

对于“图谱”十六类应用中的每类都申明其理由。有的从建筑的规格、样式的不同来区别，有的从各种器皿不同的用途来叙说，有的从古代的典章制度来讲，有的从内外有别、轻重之势加以区分，有的从税赋制度来说，有的从社会等级制度区分，有的从音律的不同来划分，有的需要懂得音韵的清浊与文字的先后，有的需了解“上下异仪，尊卑异事”“长幼有序”，有的需知道草木虫鱼的名称与种类。该篇篇末郑樵还特别强调：为学者而不知此，则章句无所用，为治者而不知此，则纲纪文物无所施。凡此种种有图则迎刃而解，若无图茫茫然不知所措，甚至一筹莫展。

图 30 赵友钦（程乃莲 绘）

赵友钦与《革象新书》

赵友钦为宋末元初的学者（约 13 世纪中—14 世纪中，图 30），又名敬，字子恭，自号缘督。南宋末期为避祸遁为道家，后定居龙游（今浙江衢州龙游）鸡鸣山，在山上筑观象台（又名观星台），观察天象。赵友钦学问广博，对天文、数学、光学都有较深的研究。他是我国对光线直进、小孔成像与照明度进行大规模实验的第一人。

赵友钦的《革象新书》主要涉及光学和数学，并对其有许多精辟见解，书中详尽记录了他的许多观察、实验过程及研究成果。赵友钦十分注重从客观实际出发探索自然规律。他在研究物理学问题时，边实验边推理，进行实验时，边操作边分析结果。在《小罅光景》一节中，记录了他设计的当时最大型、最周全的小孔成像实验，他称之为“小罅光景”（图 31），实验布置非常合理，实验步骤井井有条、步步深入。通过这个实验，他对光线直进、小孔成像与照明度都进行了深入细致的观察研究。他的这一实验设计在世界物理学史上是首创的，在 13—14 世纪之交，无论从实验室规模之大、烛光数之多、实验程序之详，还是从定性的实验结论之正确上来说，都可以看作当时最大型、最周全的光学实验。

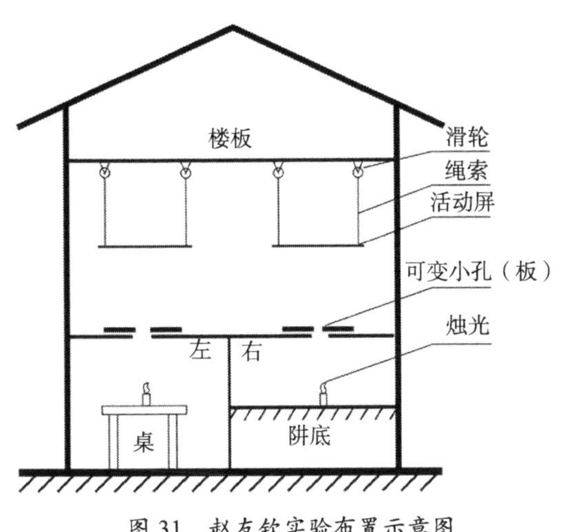

图 31　赵友钦实验布置示意图

伍 图像科学技术的融合期

明清民国时期（1368—1949 年），是中国图像科学技术的融合期。

从世界科学技术发展的水平来看，明清时期的中国科学技术同当时西方突飞猛进的世界近代科学技术相比明显落后，如是观，则可称这一时期为中国图像科学技术的“衰落期”；而从中国科学技术的发展来看，与宋元鼎盛时期相比，科学技术的发展特别是图像光学一项的发展仍然保持其连续性，并且在进步的幅度上甚至比宋元时期还要大，这是因为该时期吸收融合了西方先进科学技术，如是说，则这一时期当称为中国图像科学技术的“融合发展期”。

明清时期，中国的封建制度逐渐衰老，明朝中叶以后，皇帝昏庸，吏治腐败，阶级矛盾日益尖锐，农民起义相继爆发，同时北方新崛起的政权不断入侵。1644 年，明王朝在内忧外患夹击下灭亡。继明而起的清是中国最后一个封建王朝，清朝在康熙、雍正、乾隆三朝逐步达到鼎盛，科学技术发展，经济繁荣。乾隆时期是清代强盛的顶峰，也是其衰败的起点，后继的清朝皇帝奉行闭关锁国政策，使各种社会矛盾日趋尖锐，中国逐渐脱离了世界先进国家行列。

明代中叶以后，中国的资本主义萌芽已经存在，它推动着生产与科学技术的发展，但并不强劲。而在同一时期，欧洲资本主义发展迅猛，终于促成了工业革命以及近代科学技术的诞生，科学技术水平远远超越了仍在传统轨道上缓慢发展的中国。随着世界贸易渠道开放和工业化生产，西方国家的财富和实力迅速增强，西方强大的军事力量日益威胁着没落的清王朝，并在1840年的鸦片战争中用枪炮轰开了中国的大门。从1840年鸦片战争开始到1949年中华人民共和国成立的这一段时期，中国处于半殖民地半封建社会。明清时期成为中国传统文化的总结期和转型准备期。晚清文化成为中国传统文化发展的总结，同时又拉开了近代文化发展的序幕。

从1840年鸦片战争爆发，到1912年清亡、中华民国建立期间，中国经历了封建社会向民主主义社会的转变，其间帝国主义侵略、军阀混战，社会动荡，在中国的国家发展史上，这段历史是中国人的苦难史，也是中国人反抗侵略的历史。但是中国的科学技术却于此夹缝与动荡不安中得到了持续发展，中国人在图像科学技术方面的理论探索和图像实践上都达到了一个新的高度。究其内因，是资产阶级革命派实业救国的实践和广大爱国知识分子、爱国人士卫国、强国愿望的合力推动、促进、学习与引进西方先进的科学技术的努力；外因是强劲“西风”持续“东渐”将西方工业革命后的先进科学技术文明带入中国。内外因共同造成了中国这一时期“混乱不羁”的文化思想状态，各种主义、观念竞争冲撞，无拘无束地发挥，中国图像科学技术个体探索者的研究空间反而非常自由。研究个体的独立性、国际交流的开放性，成为这一时期科学技术研究者的两大特征。特别是在1919年以五四运动为标志开始的新民主主义革命时期，以“科学”“民主”为口号的新文化运动引导自古有着“重文轻工”思想的中国人真真正正对属“工”的技术科学重视起来、崇尚起来，大大促进了我国对国外先进科学技术的引进、学习和持续融合发展。

摄影术在这一时期传入我国，图像科技的中国历程与图像科技的世界历程相交接。从凝固瞬间的摄影底片可以复制出无数相同照片，也让以往倏忽即逝、不可复得的光学图像与传统的机具复制图像技术方式在这一时期得到了交接。

总体来说，从明清到民国的近600年，是中国科学技术发展史上十分复杂、曲折又重要的阶段，是一个由传统逐渐向近现代过渡的时期。在内忧外患、战争纷扰的社会背景下，中国的科学家和能工巧匠披肝沥胆、攻坚克难，继承中国传统科学技术的同时，努力学习西方先进科学技术，借鉴探索，融会贯通，中国的图像科技在中西科学技术文化的融合中得到了突破式发展。

明代继承了宋元科学技术的传统，一些才识卓越的科学家，在科学技术上做出了巨大的贡献，如李时珍、方以智、宋应星、陶宗仪等，取得了卓越的成就。明清时期还出现了一些带总结性的科学技术著作，如宋应星的《天工开物》、方以智的《物理小识》、郑光祖的《一斑录》等。这一时期的医药本草著作中所述及的光学知识也是令人关注的。例如，李时珍在他的药物学巨著《本草纲目》里保存了许多已散佚的古代矿物药及光学知识；王肯堂在其《证治准绳》中叙述了晶体光学现象、眼睛与视觉的有关问题等。

明代著名科学家宋应星（约1587—1666年，图32）所著《天工开物》是世界公认的科学技术巨著。书中记载了许多光学知识，如《天工开物・珠玉・玉》：“唯西洋琐里有异玉，平时白色，晴日下看映出红色，阴雨时又为青色，此可谓之玉妖：尚方有之。”① 意思是：在西洋一个叫琐里的地方产有异玉，平时白色，晴天在阳光下显出红色，阴雨时又成青色，这是一种异玉，宫廷内才有这种玉。这里记载的其实是晶体变色和变彩现象。

图 32　宋应星（程乃莲 绘）

清初大批西方传教士在中国传教的同时，也传播西方的科学技术知识，对中国传统科学技术产生了很大的影响。一般认为从意大利耶稣会传教士利玛窦（意大利人，1552—1610 年）入华到雍正王朝，是西方科学技术传入中国的开始。西方传入中国的近代科学技术知识中物理学占有一定的

① 沙振舜、韩丛耀编著：《中华图像文化史·图像光学卷》，第 225 页。

比例，物理学中的光学部分又占有很大的比例。这些科学技术知识既有理论的，也有仪器实物的。

西方近代物理学知识被介绍到中国后，中国的很多科学家又对实验结果加以印证，如清代科学家徐寿（1818—1884年）进行三棱镜分光实验时“尝购三棱镜玻璃不得，磨水晶印章成三角形，验得分光七色”[①]，徐寿还翻译介绍了多种摄影方面的书籍。

我国知识分子在学习、吸取和传播近代光学知识的过程中，把西洋近代光学和中国传统光学结合起来，产生了一些带有中西光学知识融合特点的光学成果。这些成果记载于各具特色的著作或译著中，如郑光祖的《一斑录》、博明的《西斋偶得》、郑复光的《镜镜詅痴》、邹伯奇的《格术补》等。其中以清代郑复光和邹伯奇为代表的光学理论研究，不但继承了中国古代传统的光学知识，而且充分吸收了西方光学知识，实现了中国近代的中西科学技术思想的融合，成为中国光学史上的里程碑。

清代郑光祖对光学的贡献是多方面的，他是成功结合东西方文化及思想方法并做出卓越贡献的先行者。他的《一斑录》描述了日食、云、雾、雷电、虹等自然现象，并且给出了自己的解释。

---

① 沙振舜、韩丛耀编著：《中华图像文化史·图像光学卷》，第312页。

图 33　博明（程乃莲 绘）

清代学者博明（图 33）的著作《西斋偶得》对自然科学技术知识问题的论述较之传统颇有突破，尤其是光学部分极有特色。《西斋偶得》的光学成像知识包括对色觉的认识，互补色的初步概念，负后像现象，对眼睛视物特征的理解，对眼睛的近视、远视成因及用眼镜矫正近视、远视原理的解说，对小孔成像的认识等。

明末清初，我国在光学应用技术方面前进了一大步。在西方光学器具传入我国不久，国人很快就掌握了制造眼镜、放大镜和望远镜等光学器具的技术。德国传教士汤若望（Johann Adam Schall von Bell，1592—1666 年）的《远镜说》是比较集中介绍光学知识的"西学"译著，最早介绍了望远镜的制法和用法。《远镜说》刊行后，我国开始自行研制望远镜。到鸦片战争前，中国人自制的望远镜质量已超过舶来品，同时诞生了如孙云球、薄珏、黄履庄、邹伯奇等一批光学仪器制造师。他们努力钻研，研制或改进了一批实用的摄影器材与光学仪器。其中，薄珏是世界上最早在实战中使用望远镜的人，孙云球和黄履庄制造了许多光学器具，而邹伯奇是中国以玻板照相术成功拍摄人物肖像的第一人。

清初的孙云球（图 34）是制镜的高手，他制造的眼镜、望远镜等各类光学器具达 70 余种，并撰写了我国第一部光学仪器专著《镜史》，为我国光学与天文仪器的发展做出了卓越贡献。《镜史》详细介绍了多种镜具的制作方法，流传极广，对当时光学仪器制造技术影响很大，后来从事眼镜手工业的作坊都依照书中介绍的方法制造眼镜（图 35）。

图 34　孙云球（程乃莲 绘）

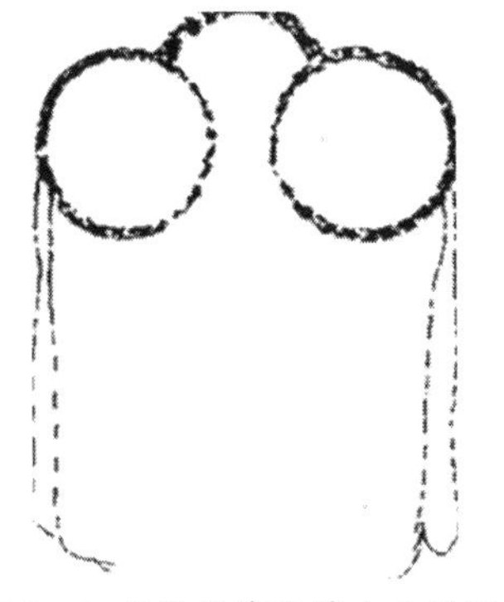

图 35　江苏吴县毕沅墓出土的眼镜

1840年第一次鸦片战争爆发，中国国门被迫打开，大批外国商人、各国传教士接踵而来，客观上疏通了西方科学技术传入中国的渠道。1839年刚刚在巴黎公布的达盖尔银版摄影术也随之在19世纪40年代传入了中国。摄影术的发明给人类文化开辟了新的领域，开始了图像科技的新篇章。摄影的出现也为动态图像，如电影，提供了技术基础。1895年也是在法国巴黎，电影诞生了。摄影术与电影的诞生是图像科技的突破性发展，给人类的"视界"带来了全新的感受。在摄影与电影诞生不久，战乱中的中国已然亦步亦趋开始了与之继续发展相关联的探索与研究，并取得了一定的成就。

明清时期，我国出现了很多出色的暗箱制造家。例如，《虞初新志》中记载康熙年间江都的黄履庄以擅长制造"临画镜"和"缩容镜"等光学器具出名；《苏州府志》和《湖南通志》分别记载了长洲人薄钰、湖南清泉人谭学之均擅长制造光学器具；被梁启超大为称赞的清代女科学家黄履庄还曾制作出"多镜头暗箱"。他们为摄影技术的完善和发展起到很大的推动作用。

19世纪50年代初，一批自然科学技术方面的翻译著作在上海出版，其中由英国传教士艾约瑟（Joseph Edkins，1823—1905年）和张福僖合译的《光论》是最早把西方近代光学知识系统地介绍到我国的一部书。

19世纪60年代，美国传教士金楷理（Carl T. Kreyer，生卒年不详）和赵元益（1840—1902年）合译了英国物理学家丁铎尔的《光学》，该书解释了许多自然现象，讲述了一些重要实验，介绍了许多光学的应用知识，全面、系统地介绍了西方近代光学知识。

20世纪初，随着摄影的发展和国内印刷条件的不断改善，国内出版了多种摄影专业书籍，这些著作有的是中国人自己编写的，有的是编译的，满足了国内摄影爱好者的迫切需要。随着摄影术的普及，许多知识分子乐于谈论摄影，摄影出现在许多文学作品中，如清末吴敬恒（图36）的科普小说《上下古今谈》第8回就特别谈到了摄影术，有些知识分子还写了诗歌来歌颂摄影。以上这些文学作品在国内的流行，对中国摄影事业的发展起到了积极的推动作用。

图36 吴敬恒
（引自沙振舜、韩丛耀编著：《中华图像文化史·图像光学卷》，第31页）

民国初年，社会的重大转

型给中国文化带来了前所未有的变化，新文化运动的兴起，促使中国文化发生了由古至今的转变，外来文化的影响，促进了中国文化现代化的进程。我国的科学技术工作者和摄影家，不畏艰难，积极从事图像科学技术的研究工作，取得了不少成果，有些早于外国，有的甚至达到当时世界先进水平。

民国时期是中国摄影史上的第一个繁荣兴盛期。文化人对于摄影的兴趣和介入，使摄影在中国首次大范围普及，当时的文艺界对于摄影的诸多问题进行了富有个性的探讨与判断。从徐悲鸿、张大千、丰子恺、齐白石等著名画家，到康有为、鲁迅、胡适、蔡元培这些思想文化界巨擘，都对摄影进行了尝试或评价。蔡元培、刘半农、张大千、胡适、徐悲鸿等文化界泰斗对摄影均有自己的独到见解。他们中的很多人还身体力行，用摄影的方式来表达自己的情感，创作了很多艺术摄影作品。

民国期间，战争的破坏和干扰，一方面使中国科技文化备受摧残；另一方面，在爱国精神的激励下，人们又发挥出空前的创造力。我国的科学技术工作者和摄影家在非常艰难的条件下，通过自己艰苦卓绝的努力，填补了国内图像科学技术领域的一个个空白，为我国的图像科学技术发展做出了贡献。

这一时期在光学方面做出突出贡献的有严济慈、吴大献、王大珩等科学家。

严济慈（图 37）在图像光学研究方面卓有成果，先后在国外期刊上发表论文 50 多篇（至抗日战争前夕），其中与钱临照合作撰写的《压力对于照相片感光性之影响》发表在法国的《科学院周刊》上。严济慈对视觉理论亦有研究，他提出的小孔成像实验条理分明、简便易行，很有说服力。

图 37　严济慈
（引自沙振舜、韩丛耀编著:《中华图像文化史·图像光学卷》，第 331 页）

王大珩（图 38）是当之无愧的中国光学事业的奠基人，他在激光技术、空间光学、遥感技术、仪器仪表、计量科学、色度标准等方面都有很深的学术造诣，为应用光学特别是国防光学工程做出了杰出贡献。他编写的《彩色电视中的色度学问题》

一书，解决了当时彩色电视中的彩色复现问题，对我国彩电事业的发展具有重要指导意义。

摄影理论方面，刘半农（图 39）是奠基人，他在《半农谈影》一书中阐述了自己的摄影艺术理论，从 1927 年至 1949 年，“刘氏理论”对我国摄影事业的发展产生了重要影响。无论是在摄影艺术理论研究上，还是在摄影艺术创作方面，在中国摄影艺术史上，刘半农都是贡献卓著的开拓者与先驱者。图 40 为刘半农创作的摄影作品《郊外》。

图 38　王大珩
（引自沙振舜、韩丛耀编著：《中华图像文化史 · 图像光学卷》，第 335 页）

图 39　刘半农
（引自《中华图像文化史 · 图像光学卷》，第 339 页）

图 40 《郊外》（刘半农 摄）

民国时期摄影科学技术和图像出版事业有了很大的发展，从 1919 年到 1937 年抗日战争全面爆发的 18 年间，国内编辑出版的摄影书籍和各种内容的摄影集约有 300 种，其中编写和翻译的摄影技术书籍约 50 种。这些摄影出版物对传播图像科学技术知识、推动我国图像科学技术事业的发展起了很大作用，同时也保存了很多图像历史资料。这些专著中影响较大的有：杜就田 1913 年编译的《新编摄影术》，陈公哲 1917 年所著的《摄影测光捷径》，欧阳慧锵 1923 年所著的《摄影指南》，高维祥 1926 年所著、后改名为“增广摄影良友”的《袖珍摄影良友》，舒新城 1929 年所著的《摄影初步》，吴印咸（图 41）1939 年所著的《摄影常识》，等等。

图 41　吴印咸在延安

（引自《中华图像文化史·图像光学卷》，第 346 页）

图像科学器材和光学仪器是图像科学技术的基础，对图像科学技术的发展起着重要的，有时甚至是决定性的作用。我国前辈科学家和摄影家对摄影器材和设备的功用有充分的认识，因而在制作这些硬件上身体力行，花费许多心血，有颇多发明创造与改进。诸如摄影家钱景华研制成功的“三色一摄机”“景华环象摄影机”（即全景相机）等（图 42）。钱景华在 20 世纪 20 年代就研制出了“三色一摄机”，而德国的伯伦波尔（Wilhlm Bremphl）到 1934 年才研制成“伯伦波尔一次曝光摄影机”，并在 5 年后又作了改进。钱景华的“三色一摄机”比伯伦波尔的初制品早了四五年，比他的改进品早了约十年。此外，摄影艺术家张印泉研制出极受欢迎的用120胶卷可拍17张底片的小型反光镜箱，等等。以上这些成果都早于外国，有的达到当时世界先进水平。

图42　景华环象摄影机所摄的照片（原照长29英寸，高7.5英寸）

这一时期最为出色的、最有代表性的图像科学技术典籍，当属明代李时珍的《本草纲目》、明代方以智的《物理小识》、清代郑复光的《镜镜詅痴》和清代邹伯奇的《格术补》。

图43　李时珍（程乃莲 绘）

李时珍与《本草纲目》

李时珍（1518—1593年，图43），字东璧，号濒湖，晚年自号濒湖山人，湖北蕲州（今湖北省黄冈市蕲春县蕲州镇）人，中国明代最著名的医学家、药学家和博物学家。李时珍出身医生世家，24 岁时放弃科举，专心学医，他向父亲表明心迹：“身如逆流船，心比铁石坚。望父全儿志，至死不怕难。”[①] 他刻苦学习，很快掌握了治病方法，成为一位很有名望的医生。李时珍认为做一个好医生，不仅要懂医理，也要懂药理，他在临床实践中发现古代的本草书存在不少问题，于是就决心对这些书籍进行整理。

《本草纲目》是李时珍参考 800 余种历代医药学书籍，结合自身经验和调查研究，历时 27 年写成的医药学著作，成书后又花了 12 年修订了三次。《本草纲目》是我国古代药物学的总结性巨著，在国内外均得到极高的评价。书中保存了许多已散佚的古代矿物药及其光学知识。李时珍曾经深入考察了“菩萨石”晶体，即“水晶”，记述了晶体分光现象，并绘制了菩萨石样貌的插图。《本草纲目》还记载了用阳燧和火珠取火的方法、海市蜃楼的成因等光学现象。

方以智与《物理小识》

方以智（1611—1671 年，图 44）字密之，号曼公，又号鹿起、龙眠愚者等，江南省安庆府桐城县（今安徽桐城）人，明代著名哲学家、科学家。方以智天资聪颖，少年时跟

① 沙振舜、韩丛耀编著：《中华图像文化史·图像光学卷》，第 262 页。

随父亲游历名山大川，青年时博览群书，并吸收了西方传入的科学技术文化知识。他在哲学、文学、音韵学、历史、天文、数学、医学、美术等方面，都有较深造诣。方以智从 20 岁就开始写《物理小识》，其时正值明末清初，兵荒马乱，他“乱里著书还策杖”，经过了 22 年才完成写作。

图 44　方以智（程乃莲 绘）

方以智的《物理小识》是明清之际集自然知识之大成的笔记体著作，涉及天文、地理、物理、生物、医学诸多学科，尤以物理中光、声和流体现象记前人之所未记，发前人之所未发。书中对物质发光、光的传播、阴影的形成以及海市蜃楼等大气光学现象做出了哲理性的解释，特别是提出了被我们称为“气光波动说”的朴素光波动学说。方以智在“气光波动说”的基础上阐释了他的“光肥影瘦”主张，他认为光在传播过程中，总要向几何光学的阴影范围内侵入，使有光区扩大，阴影区缩小。这些都是前无古人的学术贡献。《物理小识》关于光的色散、反射和折射，关于声音的发生、传播、反射、共鸣、隔音效应，关于比重、磁效应等诸多问题的记述和阐发，都是极出色的。《物理小识》继承和融合了我国古代与近代从西方传入的科学技术成果，对明清时期的科学技术和文化的发展产生了深远影响。

郑复光与《镜镜詅痴》

图 45　郑复光（程乃莲 绘）

郑复光（1780 年—？，图 45），字元甫，号瀚香，安徽歙县人，清代著名科学家。郑复光笃行“行万里路，读万卷书”的为学方式，少年时即开始游历中国各地。他在游历中广结名流学者、能工巧匠，其尤对望远镜感兴趣，特别注意对观象台天文仪器的考察。郑复光在研究光学问题的过程中，边钻研边实验，把自己领悟的光学原理应用到具体光学仪器的制作中，他制造出了白天黑夜均可放映的幻灯机，还制造了一架可对神秘的天空进行实验观测的望远镜（图 46），用这架望远镜观察月球清晰可辨。郑复光还有一个著名实验——制造冰透镜。他的工具是一个盛热水的大金属壶，之所以要用盛热水的大金属壶，是因为这种壶的壶底一般均为外凹内凸，用它加工而成的冰块自然就是圆凸形状了。其方法极为巧妙、简单、有效。郑复光在大量实验的基础上推求光学原理，不拘泥于前人成就或重复西方早期的粗浅理论，注重实践，勇于探索，他脚踏实地的科学态度和不畏劳苦的探索精神令人敬佩。

图 46　郑复光制作的天文望远镜（复制品）

《镜镜詅痴》是郑复光经过数十年的观察、实验和研究，在道光十五年（1835 年）写成的几何光学理论著作，并于道光二十六年（1846 年）出版。他在《镜镜詅痴 · 自序》中说，该书“时逾十稔而后成稿，复加点窜又已数年，稍觉条理……”①

① 沙振舜、韩丛耀编著：《中国影像史 · 古代卷》，第 208 页。

可见该书共花费十余年才付印，这说明他写作态度是极为严谨认真的。

《镜镜詅痴》集当时中西光学知识之大成，是我国近代史上第一部较为完整的光学著作，代表了清代中期中国的光学发展水平，也是我国 19 世纪上半叶的一部图像科学技术专著，是中国摄影技术发展史上的重要著作。全书共 5 卷，分为《明原》《类镜》《释圆》《述作》四个部分，约 7 万余字，扼要地分析了各种反射镜和折射镜的镜质和镜形，系统地论述了光线通过各种镜子（主要是凹透镜、凸透镜和透镜组）之后的成像原理，对各种铜镜的制造、铜质透光镜的透光原理作了详细的论述。

《镜镜詅痴》的著述体例也很有特色，融通中西说法，文、图、表互相显映，书中还创造了一些光学概念和名词来解释光学仪器的制造原理和使用方法。其中《释圆》部分是全书的重点，尤为出色，主要论述几种凸透镜、凹透镜成像的理论问题。郑复光提出了富有自己特色的“顺三限”“侧三限”概念。

梁启超在《中国近三百年学术史》中评价《镜镜詅痴》：“其书所言纯属科学精微之理，其体裁组织亦纯为科学的”“百年以前之光学书，如此书者，非独中国所仅见，恐在全世界中亦占一位置”。[①]

邹伯奇与《格术补》

邹伯奇（1819—1869年，图47），字一谔，又字特夫、徵君，广东南海（今广州）人，清代物理学家。他是中国近代光学的开创者，也是近代科学技术的先驱者之一。邹伯奇对天文学、数学、光学、地理学等都很有研究，是一个博通“经史子集”诸学，“能荟萃中西之说而融会贯通”的学者。他鄙弃功名，潜心科学技术，成就卓著，著述甚丰。他将数学与物理学充分结合，是以数学语言阐释物理（尤其是光学）问题的中国近代史上第一人。邹伯奇还曾于1844年自制“摄影机”（图48），即一种简单的照相机，这也是我国自制的第一架照相机。

图47　邹伯奇（程乃莲 绘）

① 转引自沙振舜、韩丛耀编著：《中国影像史·古代卷》，第209页。

图 48　邹伯奇制摄影机

《格术补》(图 49) 是邹伯奇的代表作，是中国近代一部比较完整的几何光学著作，该书一些研究填补了我国光学方面的空白。其在《墨经》和《梦溪笔谈》中有关光学论述的基础上，进一步用几何光学的方法，透彻地分析了许多光学原理、光学仪器的结构和光学现象。《格术补》不但深入透彻地分析了透镜成像原理、透镜成像公式、透镜组的焦距、眼睛和视觉的光学原理，以及各种望远镜和显微镜的结构和原理等，而且讨论了望远镜的视场、场镜的作用及出射光瞳和渐晕等现象。

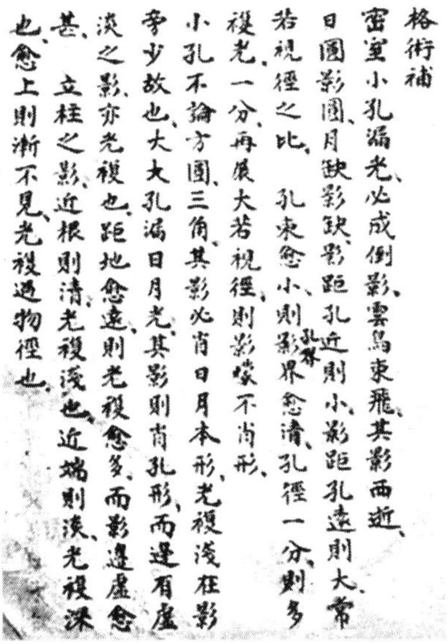

格術補

審室小孔漏光、必成倒影、雲鳥東飛、其影西逝、日圓影圓、月缺影缺、影距孔近則小、影距孔遠則大、常若視徑之比、 孔束愈小、則影界愈清、孔徑一分、則多複光一分、再展大若視徑、則影蒙不肖形、小孔不論方圓三角、其影必肖日月本形、光複淺在影旁少故也、大大孔漏日月光、其影則肖孔形、而邊有虛淡之影、亦光複也、距地愈遠、則光複愈多、而影邊虛愈甚、 立柱之影、近根則清、光複淺也、近端則淡、光複深也、愈上則漸不見、光複過物徑也、

图 49　邹伯奇《格术补》手稿

结　语

本部分概略地叙述了中国古代及近世图像科学技术的发展历程，侧重于介绍与图像相关的光学成像的发展脉络。

我国图像科学技术发展历史悠久，内容极其丰富，闪耀着中华民族的智慧光辉。从目前有可靠文字记录的历程看，春秋战国开始，历唐、宋、元、明、清，至民国，在这两千多年中，许多学者耗费了极大的心血，对光与影、小孔成像、凸透镜和凹面镜聚光、大型暗室、小型写生镜箱，以及银盐类物质见光变色等进行了长期观察与深入研究，为图像科学技术及摄影术的发生和发展做出了贡献。

在图像科学技术发展的漫长历史进程中，一大批卓越的科学家，如墨翟、刘安、王充、张华、谭峭、沈括、郑樵、赵友钦、李时珍、方以智、郑复光、邹伯奇等，他们为探索自然奥秘、改善人类生活质量而不懈努力，在科学技术发展的画卷上留下了浓墨重彩的一笔，他们是科学与技术星空中耀眼的明星，是人类历史长河中的航标，引领着人们走向精彩的科学世界。

中国古代和近现代的图像科学技术成就突出，人才辈出，著述繁多，资料丰富，这里难尽其详，只能撷取与图像科学技术研究相关的重点、亮点加以介绍。综观前述，大致可以看出我国古代和近现代图像科学技术相关的发展历史的几个特点。

（1）中国古代图像科学技术历史久远，内容极其丰富，既具有连续性，又显示出各阶段的发展特点。在连续性的发展中，先后在东周（春秋战国）、宋元、清至民国这三个时期分别出现了发展的高峰，其中有内在质与量的积累，也有外在动力的引导。特别值得骄傲的是，在很长的古代历史时期内，我国的图像科学技术曾凭借自身的良好基础和发展原动力，一直处于世界领先地位，独领风骚一千多年。

（2）明清民国的近600年，是中国科学技术发展史上十分复杂、曲折而又重要的阶段，是一个由传统逐渐向近现代过渡的时期。从世界科学技术发展的水平来看，明清时期的中国科学技术同当时西方突飞猛进的近代科学技术相比明显落后。而从中国科学技术的发展来看，与宋、元鼎盛时期相比，明清民国时期科学技术的发展特别是图像光学一项的发展仍然保持其连续性，并没有衰落，且在进步的幅度上甚至比宋元时期还要大，这一时期是中国图像科学技术突破传统、充分汲取融合世界先进图像科学技术的“融合发展期”。中国对图像的认识、探索和研究历程在清至民国时期逐渐汇入图像的世界历程，中国两千多年来各自单线平行发展的光学图像、图像探索与机具图像复制技术，因摄影术相交接。

（3）中国古代孕育了许多先进的有关图像科学技术的哲学思想和杰出的研究方法。例如，墨家在公元前 4 世纪运用“光是直线传播的”这一先进物理思想，对小孔成像做出了科学系统的光学论述；沈括周密观察、善于分析和注重实验的科学研究方法，不但在当时的中国产生了重要引导作用，在世界科学技术史上也占有一席之地，在今天看来该研究方法也仍然是科学严谨的。中国人对图像科学技术的探索虽然没有形成独立的图像学，但他们的工作开辟了图像学无限广阔的发展空间。

（4）中国古代的图像科学技术知识几乎都是以直接生产实践的经验以及对自然界的直接观察为基础发展起来的，具有直观性的特点。传统光学大多是经验的、定性的技术，这体现了先辈们锐敏的观察力和求真务实的科学精神。但重视经验陈述、大多缺少理性和数学的研究方法，使中国古代传统光学基本上停留在对现象的观察和记录上，缺少理论分析和抽象，缺少量的分析。

（5）中国古代社会重文轻工的思想对图像科学技术的发展有一定的阻碍，中国古代社会把图像科学技术斥为“奇技淫巧”，影响了图像科学技术的发展。与西方相比，许多中国古代的图像科学技术研究没有注意及时产业化，形成生产力。

（6）作为图像科学技术基础的各门学科之间，由于缺乏必要的联系和协同，因而孤立零散，难以形成体系。图像科学技术没有从哲学、经学、伦理学中分离出来形成独立学科，所以我国古代科学技术典籍虽浩如烟海，却没有一部专门研究“光学”或“图像学”的专著。

（本部分的写作得到了南京大学沙振舜教授和山西大同大学程乃莲教授的大力支持和帮助。古代科学家的绘像参照各种教科书和专业著作以及人物小传绘制而成。特表谢忱！）

参考文献

一、古代典籍

（战国）韩非撰，秦惠彬校点：《韩非子》，沈阳：辽宁教育出版社，1997 年。

（战国）左丘明撰，（西晋）杜预集解：《左传（春秋经传集解）》，上海：上海古籍出版社，1997 年。

（汉）王充：《论衡》，《诸子集成》本，北京：中华书局，1954 年。

（汉）刘安撰，高诱注：《淮南子》，《诸子集成》本。

（汉）刘安撰，（清）孙冯翼辑：《淮南万毕术》，《丛书集成初编》本，北京：中华书局，1985 年。

（汉）王符撰：《潜夫论》，《诸子集成》本。

（晋）葛洪撰，（清）孙星衍校：《抱朴子》，《诸子集成》本。

（晋）张华撰，（晋）范宁校正：《博物志校正》，北京：中华书局，1980 年。

（唐）段成式撰，方南生点校：《酉阳杂俎》，北京：中华书局，1981 年。

（唐）王度撰：《古镜记》，《说郛》（宛委山堂）本。

（五代）谭峭撰，丁祯彦、李似珍点校：《化书》，北京：中华书局，1996年。

（宋）程大昌撰：《演繁露》，《四库全书》本。

（宋）寇宗奭撰：《本草衍义》，《丛书集成初编》本。

（宋）沈括撰：《梦溪笔谈》，《四库全书》本。

（宋）沈括：《梦溪笔谈》，上海：上海书店出版社，2003年。

（宋）苏轼撰：《物类相感志》，《丛书集成初编》本。

（宋）周辉撰：《清波杂志》，《四库全书》本。

（元）陶宗仪撰：《辍耕录》，《丛书集成初编》本。

（元）赵友钦撰：《革象新书（五卷）》，上海：上海古籍出版社，1987年。

（明）方以智撰：《物理小识》，北京：商务印书馆，1937年。

（明）李时珍撰：《本草纲目》，北京：人民卫生出版社，1982年。

（清）博明：《西斋偶得》，清光绪二十六年刻本。

（清）孙云球：《镜史》，康熙辛酉序刻本。

（清）郑复光撰：《费隐与知录》，道光二十二年线装本。

（清）邹伯奇撰：《邹征君遗书》，同治十三年线装本。

（清）郑复光撰：《镜镜詅痴》，北京：中华书局，1985年。

（清）郑光祖撰：《一斑录》，北京：中国书店，1990年。

崔高维校点：《周礼・仪礼》，沈阳：辽宁教育出版社，1997年。

〔英〕艾约瑟口译，（清）张福僖笔述：《光论》，《丛书集成初编》本。

二、典籍译注

（战国）荀况著，王学典编译：《荀子》，北京：中国纺织出版社，

2007年。

（战国）庄周著，方勇译注：《庄子》，北京：中华书局，2010年。

（战国）韩非子著，高华平、王齐洲、张三夕译注：《韩非子》，北京：中华书局，2010年。

（汉）王充原著，袁华忠、方家常译注：《论衡全译》，贵阳：贵州人民出版社，1993年。

（汉）王充原著，陈建初、蒋骥骋、张晓莺今译：《白话论衡》，长沙：岳麓书社，1997年。

（汉）刘安等撰，胡安顺、张文年等译：《白话淮南子》，西安：三秦出版社，1998年。

（汉）王符原著，张觉译注：《潜夫论全译》，贵阳：贵州人民出版社，1999年。

（汉）刘安等撰：《中国古典名著·淮南子》，长春：北方妇女儿童出版社，2006年。

（汉）刘安辑撰，陈惟直译：《淮南子（白话彩图全本）》，重庆：重庆出版社，2007年。

（汉）班固：《汉书（简体字本）》，北京：中华书局，2008年。

（汉）司马迁撰，韩兆琦主译：《史记（简体字本）》，北京：中华书局，2008年。

（晋）张华原著，祝鸿杰译注：《博物志全译》，贵阳：贵州人民出版社，1992年。

（晋）葛洪著，顾久译注：《抱朴子内篇全译》，贵阳：贵州人民出版社，1995年。

（唐）段成式撰，金桑选译：《酉阳杂俎》，杭州：浙江古籍出版社，1987年。

（唐）段成式撰，许逸民注评：《酉阳杂俎》，北京：学苑出版社，2001年。

（宋）沈括著，李群注释：《梦溪笔谈选读·自然科学技术部分》，北京：科学出版社，1975年。

陈节注译：《诗经》，广州：花城出版社，2002年。

方孝博：《墨经中的数学和物理学》，北京：中国社会科学出版社，1983年。

江灏、钱宗武译注，周秉钧审校：《今古文尚书全译》，贵阳：贵州人民出版社，2009年。

吕友仁译注：《周礼全译》，郑州：中州古籍出版社，2004年。

钱超尘、董连荣主编：《〈本草纲目〉详译》，太原：山西科学技术出版社，1999年。

谭戒甫编著：《墨经分类译注》，北京：中华书局，1981年。

闻人军译注：《考工记译注》，上海：上海古籍出版社，1993年。

王竹星主编：《本草纲目白话精解》，天津：天津科学技术出版社，2008年。

徐奇堂译注：《尚书》，广州：广州出版社，2004年。

袁愈荌译诗，唐莫尧注释：《诗经全译》，贵阳：贵州人民出版社，2008年。

《元史（简体字本）》，北京：中华书局，2008年。

中国科学技术大学、合肥钢铁公司《梦溪笔谈》译注组：《梦溪笔谈译注·自然科学技术部分》，合肥：安徽科学技术出版社，1979 年。

周振甫译注：《诗经译注》（修订本），北京：中华书局，2010 年。

三、专著

包和平、王学艳编著：《中国传统文化名著展评》，北京：北京图书馆出版社，2006 年。

蔡宾牟、袁运开主编：《物理学史讲义——中国古代部分》，北京：高等教育出版社，1985 年。

董福长编：《中国古代科技集锦》，哈尔滨：黑龙江科学技术出版社，1987 年。

戴念祖：《中国古代物理学》，济南：山东教育出版社，1991 年。

戴念祖主编：《中国科学技术典籍通汇·物理卷》，郑州：河南教育出版社，1995 年。

戴念祖、张蔚河：《中国古代物理学》，北京：商务印书馆，1997 年。

戴念祖、张旭敏：《中国物理学史大系·光学史》，长沙：湖南教育出版社，2001 年。

戴念祖主编：《中国科学技术史·物理学卷》，北京：科学出版社，2001 年。

戴念祖：《中国物理学史大系·古代物理学史》，长沙：湖南教育出版社，2002 年。

戴念祖、刘树勇：《中国物理学史·古代卷》，南宁：广西教育出版社，2006 年。

方励之主编：《科学技术史论集》，合肥：中国科学技术大学出版社，1987 年。

郭金彬:《中国传统科学思想史论》，北京：知识出版社，1993年。

郭奕玲、沈慧君编著:《物理学史》，北京：清华大学出版社，1993年。

郭玉兰编著:《中国古代物理学》，北京：北京科学技术出版社，1995年。

关增建:《中国古代科学技术史纲·理化卷》，沈阳：辽宁教育出版社，1996年。

盖建民:《道教科学思想发凡》，北京：社会科学文献出版社，2005年。

洪修平主编:《儒佛道哲学名著选编》，南京：南京大学出版社，2006年。

厚宇德:《溯本探源：中国古代科学与科学思想史专题研究》，北京：中国科学技术出版社，2006年。

胡化凯编著:《物理学史二十讲》，合肥：中国科学技术大学出版社，2009年。

何明主编:《中国科学技术院第一批学部委员（数学物理学化学部、技术科学部）》，北京：中国大百科全书出版社，2010年。

李瑞峰，彭永祥编:《世界摄影年谱》（上），北京：中国摄影家协会研究室编《中国摄影史料》第四辑，1982年6月。

李瑞峰，彭永祥编:《世界摄影年谱》（下），北京：中国摄影家协会研究室编《中国摄影史料》第五、六辑合刊，1983年2月。

刘文英:《王符评传》，南京：南京大学出版社，1993年。

刘树勇、王士平、李艳平:《中国古代科技名著》，北京：首都师范大学出版社，1994 年。

林文照主编：《中国科学技术典籍通汇・综合卷》，郑州：河南教育出版社，1995 年。

卢嘉锡、席宗泽主编：《彩色插图中国科学技术史》，北京：中国科学技术出版社、祥云（美国）出版公司，1997 年。

林德宏主编：《科技巨著》，北京：中国青年出版社，2000 年。

龙熹祖：《图像与艺术》，沈阳：辽宁美术出版社，2000 年。

刘筱莉、仲扣庄：《物理学史》，南京：南京师范大学出版社，2001 年。

刘克明：《中国图学思想史》，北京：科学出版社，2008 年。

刘旭、王珏人、张晓洁：《东亚地区光学教育与产业发展》，杭州：浙江大学出版社，2009 年。

梁启超：《中国近三百年学术史》，太原：山西出版集团・三晋出版社（原山西古籍出版社），2011 年。

麦群忠、魏以成编写：《中国古代科技要籍简介》，太原：山西人民出版社，1984 年。

马运增、陈申、胡志川，等编著：《中国摄影史 1840—1937》，北京：中国摄影出版社，1987 年。

南炳文、李小林、李晟文：《清代文化传统的总结和中西大交流的发展》，天津：天津古籍出版社，1991 年。

潘吉星主编：《李约瑟文集》，沈阳：辽宁科学技术出版社，1986 年。

秦孝仪主编：《中华民国社会发展史》第 3 册，台北：近代中国出版社，1981 年。

阙勋吾主编：《中国历史文选》（下册），北京：高等教育出版社，1993年。

齐豫生、夏于全主编：《文白对照四库全书·子部下》，延吉：延边人民出版社，1999年。

齐豫生、夏于全主编：《中华文学名著百部（第四十七部）》，乌鲁木齐：新疆青少年出版社，2000年。

史全生主编：《中华民国文化史·前言》，长春：吉林文史出版社，1990年。

王锦光、洪震寰：《中国古代物理学史话》，石家庄：河北人民出版社，1981年。

王锦光、洪震寰：《中国光学史》，长沙：湖南教育出版社，1986年。

王雅伦：《1850 ~ 1920法国珍藏早期台湾影像：摄影与历史的对话》，台北：雄狮图书股份有限公司，1997年。

王冰：《中国物理学史大系·中外物理交流史》，长沙：湖南教育出版社，2001年。

王春恒：《中国古代物理学史》，兰州：甘肃教育出版社，2002年。

王运锋、马振行编著：《留学生的足迹（中国与世界卷）》，通辽：内蒙古少年儿童出版社，2003年。

王兴文编著：《图说中国文化·科技卷》，长春：吉林人民出版社，2007年。

王月前，洪石编著：《图说中国文化·考古发现卷》，长春：吉林人民出版社，2007年。

王志编著：《图说中国文化·思想卷》，长春：吉林人民出版社，

2007 年。

王建国、王建军编著：《新编中国历史大事表》，银川：宁夏人民出版社，2010 年。

吴群：《中国摄影发展历程》，北京：新华出版社，1986 年。

吴钢：《摄影史话》，北京：中国摄影出版社，2006 年。

吴秋林：《图像文化人类学》，北京：民族出版社，2010 年。

徐湖平等主编：《图说中华五千年》，南京：江苏少年儿童出版社，2002 年。

宣明主编：《王大珩》，北京：科学出版社，2005 年。

邢春如主编：《古代物理世界（上、下）》，沈阳：辽海出版社，2007 年。

杨力：《中华五千年科学技术经典》，北京：北京科学技术出版社，1999 年。

自然科学史研究所主编：《中国古代科技成就》，北京：中国青年出版社，1978 年。

中国社会科学院新闻研究所，伍素心编著：《中国摄影史话》，沈阳：辽宁美术出版社，1984 年。

自然科学史研究所主编：《科技史文集 · 第 12 辑 · 物理学史专辑》，上海：上海科学技术出版社，1984 年。

张秉伦、汪泗淇、张朝胜主编：《科技集粹》，合肥：安徽人民出版社，1999 年。

张安奇、步近智：《中国学术思想史稿》，北京：中国社会科学出版社，2007 年。

张国华、左玉河编著：《图说中国文化·器物卷》，长春：吉林人民出版社，2007 年。

〔美〕卡特著，吴泽炎译：《中国印刷术的发明和它的西传》，北京：商务印书馆，1991 年。

〔英〕李约瑟著，王铃协助，袁翰青、王冰、于佳译：《中国科学技术史·第一卷·导论》，北京：科学技术出版社、上海：上海古籍出版社，1990 年。

四、论文

胡志川：《我国摄影艺术理论的创立和发展——抗日战争之前》，朱家实主编：《摄影艺术论文集》，北京：中国摄影出版社，1986 年。

黄世瑞：《〈化书〉中的科学思想》，《华南师范大学学报（社会科学版）》1991 年第 2 期。

胡化凯、吉晓华：《〈道藏〉中的一些光学史料》，《中国科技史料》2004 年第 2 期。

金秋鹏：《中国古代光学成就》，见自然科学史研究所主编：《中国古代科技成就》，北京：中国青年出版社，1978 年，第 182—194 页。

李迪：《中国古代对色散的认识》，《物理》1976 年第 3 期。

刘昭民：《我国古代对蜃景现象之认识》，《中国科技史料》1990 年第 11 卷第 2 期。

孙成晟：《明清之际西方光学知识在中国的传播及其影响——孙云球〈镜史〉研究》，《自然科学技术史研究》2007 年第 3 期。

唐玄之：《中国古代光学家（中）——赵友钦和孙云球》，《工科物理》1997 年第 1 期。

王锦光、李胜兰：《博明和他的光学知识》，《自然科学史研究》1987年第6卷第4期。

王荔：《清代蒙古族诗人博明研究述评》，《文学界（理论版）》2012年第6期。

徐克明：《墨家物理学成就述评》，《物理》1976年第1期、第4期。

银河：《我国十四世纪科学家赵友钦的光学实验》，《物理》1956年第4期。

银河：《我国古代发明的潜望镜》，《物理通报》1957年第7期。

郑大华：《论民国时期西学东渐的特点》，《中州学刊》2002年第5期。

〔英〕李约瑟：《江苏的光学技艺家》，见潘吉星主编：《李约瑟文集》，沈阳：辽宁科学技术出版社，1986年，第533页。

图像与图像学

图像是人类最古老而又不断绵延焕新的文化基因，每一视觉图式都映现着人类的精神范式。从类人拿起第一根树棒、掷出第一块石头起，它就伴随着人类，表征着人类的情感与对自然、对世界的认知，记刻着人类走过的所有历程，形成自类人到人类，直至今天的完整的文化DNA谱系。图像直观而方便，阅读起来简单快捷，但有时要真正读懂它却并非易事。图像学是人们试图科学有序地描绘图像、分析图像和阐释图像而建立起来的一门学问。图像很悠久，图像学却很年轻，且图像学在东西方的社会环境中发生、发皇的视觉形式、文化形态和历史的学科形状各不相同。本部分从文化传播的角度简略考察了图像，辨析了图像学的发生路径，以揭示图像文化传播的生产规制和社会运行惯例。

图像是人类认知世界、把握世界和表征世界的工具，既属人文社会科学研究范畴，也是自然科学的研究对象。图像的历史就是一部人类文明的演进史，它是人类历史最有效的记忆，同时又被记忆为历史。图像学对图像的诠释在社会的不同时期有着不同的要求，但对图像“意义”终极性的努力探询从未改变。现代社会对图像的需求日益扩大，图像甚至成为社会日常消费的最大宗商品。对图像学的研究也如社会对图像的需求一样，成为显学之后当今学术消费最便宜的学术产品，两者都既显著又热闹。只有图像实务者依然安心定志，严谨本分地做着应用图像学的建筑工作。

图像是当代社会最有效的视觉传播媒介，也是普遍的大众媒介文化，视觉传播就是通过图像媒介传递文化共有符码的过程。图像传播知识和构建文明社会的基础，也建构着人们对世界的认知 / 想象及其认知 / 想象的方法。

壹 图　像

人类记录历史、表征世界和传播文明的方式主要有两种：一种是以语文（言语、语言、文字、抽绎性符号等）为主要载体的线性、历时、逻辑的记述和传播方式；另一种是以图像（图形、图绘、影像、结构性符码等）为主要载体的面性、共时、感性的描绘和传播方式。语文记述和传播方式近五千年来已经逐渐成为人类主要的记录、表征和传播文明的手段，得到了充分的发展和人类社会的绝对尊重，而对于有着几万年甚至几十万年的历史并保有大量文化信息的图像表征与传播形态来说，却一直未得到应有的重视和充分的科学解读，图像形态与语文形态的逻辑因果关系一直未得到有效链接。

一、图　像

图像，是图形与影像的总称，这种面性、共时、感性的描绘方式建构了人类视觉文明的基础，也形塑了视觉文化的基本样态。也有人认为图像一词中的“图”是指图形，而“像”指图形中的含义，“像”是以“图”为媒体的形而上的文化概念。陈兆复先生也强调，图像必须是人为的，是加注了人的精神和意识的，是有一定的文化内涵的。[1]显然，作为人为的视觉图形与影像，图像不会是自然世界的本源表达与机械生产，而是人类精神、情感与认知态度的主观体验和再造，是人类把握世界和表征世界的基本手段，也是传播和承载人类文化的基本介质。这也是本书所讨论图像的立足点。

图像的历史实际上就是人类“看”的历史。

中国有“左图右书”的文化传统。据戴逸教授考证：“图录”一词最早出现于东汉时期，而“图像”一词的出现，在东晋时期的佛经经典文献《大正藏》中就有了专门的《图像》卷。到了宋代，图像已经成为一门专门的学问。[2]

人类在“看”世界时，其所见、所想、所愿、所留下多少图像，我们已无法估量，应该说大量的印迹已经消失了。不过，这少许残留的图像却已经大大超过人们的预期，在这

① 陈兆复：《中华图像文化史·原始卷》，北京：中国摄影出版社，2017年，第11页。

② 韩丛耀：《中华图像文化史·图像论卷》，北京：中国摄影出版社，2017年，第2页。

些残留的图像面前，我们仍然可以分辨出它的一系列历史印迹。

遗憾的是，从图像学的角度梳理中国的图像文化传播历史，以及从学理上关注中国文化中图像的历史的人微乎其微。

西方学者对关于图像的 icon、picture、image 等词语作了区分。其中第一个术语借自潘诺夫斯基，多指语言学意义上的符号，一般译为“语象”或“象似”。第二个术语即通常意义上的“图片”，强调图像的通俗化和大众化。第三个术语译为“形象”或“意象”，可理解为各种图片的底本。图片可以被加工、修改、扭曲甚至撕毁，而无法被改变的原初图像就是“意象”，如可视图或心象图等。此外，西方图像理论有一个专门术语用来指代语图或图文关系：ekphrasis。①

中国传统学术同样重视图像在记录和研究历史过程中的功能。《世本·作篇》说“史皇作图，仓颉作书”②，虽然只是传说，但可知在当时人们的观念中，亦认为图画文献起源甚早，并且与文献一样重要。宋人郑樵《通志略 · 图谱略》对于图与书的关系有极为精彩的论述，为人熟知，这里不妨再

① 王安：《当文学遭遇图像》，《中国社会科学报》，2013 年 9 月 27 日。

② 姚义斌：《中华图像文化史·魏晋南北朝卷》，北京：中国摄影出版社，2016 年，第 6 页。

次引用：

> 河出图，天地有自然之象；洛出书，天地有自然之理。天地出此二物以示圣人，使百代宪章必本于此而不可偏废者也。图，经也；书，纬也。一经一纬，相错而成文。图，植物也；书，动物也。一动一植，相湏而成变化。见书不见图，闻其声而不见其形；见图不见书，见其人不闻其语。图，至约也；书，至博也，即图而求易，即书而求难。古之学者，为学有要，置图于左，置书于右，索象于图，索理于书，故人亦易为学，学亦易为功，举而措之，如执左契。后之学者，离图即书，尚辞务说，故人亦难为学，学亦难为功，虽平日胸中有千章万卷，及置之行事之间，则茫茫然不知所向。①

郑樵以图为“索象”之本，以书为“索理”之径，以“左图右书”为治学之法门，诚为卓见。可惜后世之学者未能躬行，依然是“离图即书，尚辞务说”，图文并重的上古传统未能继承发扬，数千年来反而凋零衰敝，渐成寥落晨星。

实际上，图像在它形成之初，就不单是“意义”的文

① 转引自沙振舜：《中华图像文化史·图像光学卷》，第161页。

本，它刺激意义的产生但非意义的认知，也就是说“图像”已经转型为意识形态传播过程中的主要媒介。人们利用图像媒介对世界进行物质实体和精神象征的认知。

1. 人对世界的把握

人类自诞生以来，最高的梦想就是能够把握他们所生存的这个世界。为此，他们创造图像，使用图像，试图用图像对世界进行把握。

自人类开始制作石器的时候，图像的创造就同时开始了。陈兆复先生认为，古代岩画与其他各种器物图像的出现代表着人类完成了自己对图像的基本把握，从此人类就开始使用图像这个方式来把握世界，也就有了人类的图像文化史了。[①]

图像在人类文化发展的初期，具有无可代替的特殊意义，它是表述人类物质性和精神性存在的最早文化。我们认为，如果以应用领域、话语功能和文化价值来评判图像，不仅可以对图像有更宏观全面的认识，也会突破传统观念下的狭隘认知，对图像的意义有更深入透彻的理解。更为重要的是，赋予图像足以与言语文字相媲美的人类文化与文明推动者的价值，唯有如此才可能建构真正意义上的人类

---

① 陈兆复：《中华图像文化史·原始卷》，第 12 页。

文化史。

人类发展史上，人类通过图像获取信息和传达情感的方式先于文字至少有数百万年之久，并在某些方面有着文字难以企及的优势。其优势正如通常所说的“百闻不如一见”“耳听为虚，眼见为实”“可按图索骥”等，但文字的发明终于代替了图像的地位。时至今日，由于数字技术的发展，“图像时代”切实地逼近了我们，图像已经逐渐成为意识形态传播过程中某种媒体的主要形式。那些利用新型科技完成的图像作品，其精确和细腻，其复制和传播效率的迅捷，已绝非传统的文字获取和信息传播方式能同日而语。

原始图像保留下来是很困难的，即使保留下来，被发现也并不容易，其中四分之三是在近五十年内发现的。至于近现代的原始部落的图像艺术，它们直接继承了原始的图像传统。部落图像作品用的材质大多是易变质的有机物，在自然环境里，是不会保存很久的。这种原始的图像已被都市化和文字所带来的社会及技术革命抛弃了。

人类在地球上生活了数百万年，其中绝大多数的时间是在没有文字的情况下度过的。人类主要通过以视觉为主导的感知经验来理解世界、把握世界，并尝试着用视觉的图画和符号描绘世界、表征世界，如果我们将文字发生之前的历史称作“史前”显然是不合适的。因此，又有人把文字产生以前的历史时期称作“原始时期”。这时人类正处于原始社会，这个时期实在很漫长，相当于整个旧石器时代至新石器时代后期，占人类历史的 99% 以上。[①]

2. 人对世界的想象

混沌蒙昧的原始先民对身外世界充满了恐惧、好奇与探索的渴望，在恶劣的生存竞争环境中，人们期待冥冥中上天护佑，祈求平安健康、种族繁衍与幸福。于是，带有神秘巫术色彩和重大仪式功能的刻绘活动逐渐出现，并成为人类图像的最初起源之一。人对世界的想象用图像的形式表达出来，绘制图像成为一种具有强大魔力与仪式性的行为，进而演化创造出图腾及图腾文化。

所谓图腾，就是原始时代的人们把某种动物、植物或无生物等当作自己的亲属、祖先或保护神。相信它们不仅不会伤害自己，而且还能保护自己，并且能获得它们的超人的力量、勇气和技能。人们以尊敬的态度对待它们，一般情况下不得伤害它们。氏族、部落或家族等社会组织以图腾命名，并以图腾作为标志或象征。

学术界通常把图腾看作氏族的标志和象征，或仅视为某

① 陈兆复:《中华图像文化史·原始卷》，第 14 页。

一群体的血缘亲属，实际上这些观点是科学的。图腾有多种类型，既有氏族图腾、胞族图腾、部落图腾和民族图腾，也有个人图腾、家庭或家族图腾；图腾的含义也有很大差异有的把它看作亲属，有的视为祖先，有的奉为保护神，有的作为区分的标志。

所谓图腾文化，就是由图腾观念衍生的种种文化现象，也就是原始时代的人们把图腾当作亲属、祖先或保护神之后，为了表示自己对图腾的崇敬而创造的各种文化现象。这些文化现象英语统称为 totemism，可译为“图腾主义”“图腾制度”“图腾崇拜”“图腾教”“图腾观”“图腾文化”等，目前较普遍的译名是“图腾崇拜”。事实上，与图腾有关的各种观念、现象和习俗等，内容甚广，它包含多方面的文化现象，非“主义”“制度”“崇拜”“宗教”“观念”等词所能概括，而“文化”一词，含义较广，各种图腾文化特质均可囊括其中，故在泛指时，当称“图腾文化”为宜。

图腾文化的实质在学术界也有争议，归纳起来，主要有四种说法。其一是认为图腾文化是一种宗教信仰；其二是认为图腾文化是半社会半宗教的文化现象；其三是认为图腾文化是一种社会组织制度或文化制度；其四是认为图腾文化是一种社会意识形态。归根到底，图腾文化是人类早期的混沌未分的一种文化现象，在人类社会早期，社会意识和宗教意识是相互交织、尚未分离的。因此，图腾文化既是宗教文化，也是社会文化。

图腾文化是人类历史上最古老、最奇特的文化现象之一。图腾文化的核心是图腾观念。图腾观念激发了原始人的想象力和创造力，逐步滋生了图腾名称、图腾标志、图腾禁忌、图腾外婚、图腾仪式、图腾生育信仰、图腾化身信仰、图腾圣物、图腾圣地、图腾神话、图腾艺术等，从而形成了独具一格、绚丽多彩的图腾文化。[①]

3. 人对世界的象征

在文明肇始之初，图像文化是极为纯朴的。最能显露人们对图像的象征性表达的，莫过于“礼”“仪”，在中国的夏商周三代至秦汉时期，人们使用图像象征世界达到了顶峰。

这一时期被许多学者称为中国的青铜时代。作为礼仪制度的载体，青铜器具严格隶属于当时宗法制度里的精英阶

① 何星亮、殷卫滨：《中华图像文化史·图腾卷》，北京：中国摄影出版社，2017年，第4页。

层。[1] 青铜礼器上的图像有着独特的文化表征方式，器重在于“礼”，图重在于“表征”。

对今人来讲，这一时期的图像解读颇为困难，解析的过程也相对晦涩。对当时的宗法制度不熟悉，对使用它们的精英阶层不熟悉，对相关的图像象征方法也就会产生理解上的障碍。但如果我们不放弃图像学本身的方法，再加上墓葬艺术研究的方法，将图像置于其原本的时间与空间的坐标系中，那么恢复这一时期图像的历史语境也就有了可能。

继之而来的是中华大地图像几乎无处不在，在现实生活中，铜镜、漆器、铜器、服饰、宫殿装饰等都要用图像装饰；而在人死后，依然生活在一个图像的世界里，帛画、壁画、画像石、画像砖都成为图像的表现媒质。人们生前的享受，死后的希冀都在这个图像世界中得以实现。[2]

4. 人对世界的信仰

人对世界的信仰集中表现在宗教图像的发展上，在中国尤以佛教图像的发展最能反映人们对信仰的视觉化方式。

佛教图像起源于印度，其后传播到亚洲各地，在不同时

① 张骋:《中华图像文化史·先秦卷》，北京：中国摄影出版社，2016 年，第 10 页。

② 武利华:《中华图像文化史·秦汉卷》，北京：中国摄影出版社，2016 年，第 9 页。

代、地域文化背景下，呈现出绚丽多彩的图像风貌。佛教图像经过长期发展与演变，留下丰富的图像文化遗产，不仅体现佛教信仰的普遍性，而且蕴含着各民族的审美趣味与文化精神。中国佛教图像是在印度的影响下产生与发展起来的，无论就其年代跨度之久、流布地域之广，还是就其遗存之丰富、成就之辉煌而言，在佛教图像史上都可谓独树一帜，引人瞩目。与印度、中亚等地相比，中国佛教图像有着鲜明的特点。

中国佛教图像题材主要来源于佛教显、密经典，以及有关佛教的故事传说，取材十分广泛。就佛教图像表现内容而言，可以分为佛教尊像、佛教故事与经变等类型。其中的佛教尊像，通常有佛三尊像、五尊像、七尊像以及九尊像等图像组合形式。佛教故事图像则有佛传、本生、因缘与史迹等。中国的佛教本生故事图像数量较少，种类有限，主要有两方面的原因。一方面，与小乘佛教紧密关联的大多数本生图像，在中国大乘佛教盛行的氛围下难以流行；另一方面，从有限的几种本生故事等图像来看，明显强调授记或菩萨六度等方面的精神内涵，也就是说，这些故事图像是经过大乘佛教视角“筛选”的结果。

中国佛教图像的样式相当丰富。从域外传入的样式所占比重相对较小，大多数图像样式是在中国本土创作的。中国佛教图像样式既有历代艺术家的创作，又有佛教界高僧大德的创作。由于佛教图像的功能与拜忏、禅观等礼仪活动紧密关联，图像布局必须符合宗教范式，所以，道场中图像布局通常应是艺术家与佛教僧人合作的结果，后者可能发挥更为主导的影响。

佛教图像自汉代传入中国，就开始在富有特色的中国文化背景下发展、演变。中国佛教图像发展历程中，最引人瞩目的是它逐渐摆脱印度、中亚小乘佛教美术的影响，与此同时，建构起大乘佛教图像系统。中国大乘佛教建构自身图像系统的过程，也是佛教图像与中国本土文化全面碰撞、交融的过程。佛教传入中土后，与玄学、儒家思想联系紧密的大乘佛教得以积极发展，最终成为与儒教、道教并列的一大流派。佛教的影响有时凌驾于后两者之上。佛教在中国文化土壤的发展历程中，除了僧侣群体外，帝王贵族、文士以及庶民群体都曾积极参与过建寺开窟、造像等活动，由于对佛教的认识与信仰动机各不相同，因此，这些社会群体思想、情感与审美趣味产生的影响也有差异。从这个角度来看，寺院（包括石窟寺）道场不仅是各阶层人士信仰的中心，而且还是各种社会关系的一个聚焦点。[1]

5. 人对世界的描述

当人类社会发展到一定阶段之后，图像不但是文化表达的一种手段，更是某一社会阶层抒情表意的工具。尤其是文人士大夫的介入，使图像的描述功能得到了充分的展现。

社会文化越是丰富多元，图像描述的社会功用就越大。图像一方面越来越简易化、生活化、世俗化；一方面越来越精致化、典雅化、文人化。图像作为大众文化，深入社会的各个阶层，不仅承担了人们所赋予的各种应用功能，也更为自由地表现了人们对世界的看法，甚至成为了人们创造世界的工具。

在中国古代，官方还专门设立一种专攻“图像”的学问——画学。宋徽宗崇宁三年（1104 年），朝廷创设了画学，并纳入宋代管理学校的重要机构——国子监体系进行管理，它是中国第一所国家视觉图像（美术）教育机构。画学对学生所习的图像类型进行了区分，形成了相关的课程体系并将学生分为士流与杂流，课程分为六科，即佛道、人物、山水、鸟兽、花竹、屋木。画之所以能成为“学”，在于学画

① 于向东：《中华图像文化史·佛教图像卷》，北京：中国摄影出版社，2017 年，第 27 页。

不仅是学习技能，还要通过学习其他文化知识来全面提高图像作者的学识与修养，因此学生们广泛研修《说文》《尔雅》《方言》《释名》等书，其中研读《说文》则令学生书写篆字、解释音训，而其他三书均采用问答法教习之。对于画学学生所绘图像的考核，以不仿前人，所画人、物之情态、形色俱若自然及笔韵高简作为标准。

宋代图像内容十分复杂，按照图像制作的题材分，可以分为人物画、山水画、花鸟画；按照图像制作的材料分，可以分为壁画、版画、瓷画、绣画、缂丝画、画像石、绢画、纸画等；按照图像制作的作者分，可以分为文人画、画院画、画工画；按照图像制作的手法分，可以分为水墨、设色、工笔、写意、兼工带写；按照图像装裱的形式分，可以分为屏风画、扇面画、手卷画、册页画、立轴画等。另外，还具有综合性特色的风俗画、宗教画、政治画以及属于工程图像学范畴的界画、建筑画、金石画等。

当然，若再按照审美趋向的雅、俗来分，宋代图像还存在着雅俗分流与雅俗合流的状况。雅俗分流主要是指当时的文人画、画院画、画工画各有所长，各有雅俗的不同审美与创作趋向，而就宋代图像整体而言，则是雅俗合流。文人画主要包括竹、梅、木、石和山水等所谓的“清雅”领域，提倡水墨为上；画院画则有广泛的题材和丰富的手法，介于雅俗之间；画工画则主要为民间世俗服务，讲求实用性，包括宗教壁画、墓室壁画、器皿装饰画以及其他与百姓生活相关的诸多图像。①

纵观历史，这种图像类别形态基本上奠定了后世图像分类的基础，成为中国乃至世界图像史上的高峰。郑振铎先生认为："论述中国绘画史，必当以宋这个光荣的时代为中心，宋代绘画可与希腊雕刻和文艺复兴时期的绘画与雕刻相提并论。"② 更令人震撼的是，宋代雕版图像复制（印刷）技术已经相当成熟，其传播质量与效率发生了根本性的突进。它使图像通过更为大众的传播渠道深入社会、深入人心，图像与人互动、与社会互动。图像作者与读者、社会建立了一套较为完整的图像传播的内容、形式与环节，奠定了图像媒介传播的基本程式，构成了具有中国特色的图像文化传播特征，并影响着世界上各类图像的传播方式。

6. 人对世界的复制

人们复制世界的欲望是因为图像复制技术的产生与成

---

① 邵晓峰：《中华图像文化史·宋代卷》，北京：中国摄影出版社，2016 年，第 48 页。

② 邵晓峰：《中华图像文化史·宋代卷》，第 48 页。

熟。泥版印刷时期，人们完成了活字复制技术；木版印刷时期，人们完成了图像复制技术；石版、铜版印刷时期，人们完成了快速复制图像技术；网版印刷时期，人们完成了图像影调复制技术。

摄影术的发明给人们以复制整个世界的梦想，数字影像的运用给人们重新构建世界的梦想。人对世界的复制也是人对世界消费的开始。在复制世界的技术性消费和社会性消费逐渐融为人们的日常生活消费的过程中，时间的形状被图像描述、空间的形状被图像展示、知觉的演变被图像揭露，世界成为视觉图像存在的媒介世界，图像成为表征世界的世界性图像。这些演变与现象尤其在1839年摄影术诞生之后更甚。

可以这样认为，19世纪的图像是一种观察者的技术，人们追求等比例复制世界的能力；20世纪的图像是一种表达者的愿望，人们追求复制一个真实、真相与真理的世界；21世纪的图像是一种想象者的翅膀，人们复制出一个超真实的想象的世界，为精神消费插上无限想象的翅膀。目前，其中部分已经得以实现，部分在实现的路途上，部分还在幻想中。

二、图像文化

图像是一个民族在长期的生产实践、社会实践和精神实践中所创造出来的文化形态，它是一种社会性的文化符码[①]，有着一个民族的文化基因，建构着一个民族文明的精神框架，形塑着一种视觉文明形态。从裸视到镜像，从镜像到景观，从景观到幻像，从幻像到网景……视觉图像的历史本身就是一部人类恢宏的文明传播史。

从学术研究的角度而言，图像是一种带有质的相似性的符码结构，它在能指和所指之间应用了一种质的相似性，它模仿、重复甚或是再造了事物的某些特征，比如形状、比例、颜色、肌理、背景等，由于这些特征大多可以依据视觉而被感知，所以它的日常用法总是赋予了视觉的优先解释权。[②]视觉图像因此成为人类认知的基础性手段，是信息传播的文本，是社会记录的地图。图像也是确凿的视觉历史事实，是民族文化形象最直接、最具象、最可信的体现形式。视觉图像的独特之处在于：图像既属于技术层面，又属于文化层面。它存在于人类社会的各个领域，如绘画、雕刻、影视、摄影、新闻、广告、应用设计、网络、游戏、娱乐等，已经具备当代信息社会最具影响力的媒介特征。如凯尔纳所

---

① 符码是一组约定俗成、产生意义的方式，又指符号和社会意识形态相连接的场所，或意义表现的系统。特定族群的人共享特定的符码。

② 韩丛耀：《图像传播学·序言》，台北：威仕曼文化事业股份有限公司，2005年。

言：能体现当代社会基本价值观、引导个人适应现代生活方式、并将当代社会中的冲突和解决方式戏剧化的媒体文化现象，它包括媒体制造的各种豪华场面（做秀过程）、体育比赛、政治事件。[①] 在触觉具有卓越地位的过去，是操作具体的物质实在来改变世界，而现在起决定作用的是让人“看”，这是视觉处于卓越地位的时代。在视觉图像的年代，视觉图像成为社会形构的主导形式，视觉语言成为当代文化传播最重要的语言形式。

图像及图像文化研究是近二三十年来国际学术界出现的一个新的跨学科研究领域。理查德·罗蒂（Richard Rorty）说过，“古代和中世纪的哲学图景关注事物，17 世纪到 19 世纪的哲学图景关注思想，而开化的当代哲学图景关注词语”[②]，现在没有人怀疑，自 20 世纪 70 年代以来，哲学社会科学图景关注视觉图像。因此，作为社会科学的图像文化研究关注历史、关注当下、关注人类的永恒命题，也是题中之

---

①〔美〕道格拉斯·凯尔纳著，史安斌译：《媒体奇观——当代美国社会文化透视》，北京：清华大学出版社，2003 年，第 2 页。

② W. J. T. 米歇尔在《图像理论》一书中引述了理查德·罗蒂把哲学史描写成的一系列“转向”，并且他认为，其中“一组新问题出现，而旧问题开始消退”，理查德·罗蒂说道：“古代和中世纪的哲学图景关注事物，17 世纪到 19 世纪的哲学图景关注思想，而开化的当代哲学图景关注词语，这相当合理。”参见〔美〕W. J. T. 米歇尔著，陈永国、胡文征译：《图像理论》，第 2 页。

义，这样一门与哲学、史学、社会学等学科既有深度的同质化异构又有广泛的异质化同构的学科，本身应有的学术地位应该是不言而喻的。

但实际情况并不乐观，视觉图像至今仍处在文字话语的霸权之下。正如许多学者所指出的那样，人文科学今天似乎面临着一种窘境：具有可信研究成果的，却只有一个薄弱的“学科”地位；具有高等的“学科”地位的研究成果，却并不十分可信。至于图像文化的理论研究，至今甚至连一个“学科”的名分还不具备。

当今社会已经进入了以图像为中心的时代，电影、电视、绘画、摄影、广告、设计、建筑、动漫、网络、游戏、多媒体等互为激荡汇流，这就是人们所称的视觉文化时代。“视觉文化”这个词强调图像镶嵌于更为广阔的文化之中，图像是一种文化形态，因此，也可以把文化看作镶嵌着图像效果的一系列有意义的社会实践。在这个充满着求新变异的图像消费社会里，人们用以了解生活、研究世界的方式已经转向，正试图建立一种“视界政体”（scopic regime），即一套以视觉性为标准的认知制度甚至价值秩序，一套用以建构从主体认知到社会控制的一系列文化运行规则，形成了一个视觉性的实践与生产系统。

图像是制造出来的，可以被放映、展览、出售、审查、放置、收藏、毁坏、碰触并且被改写。图像被不同的人，为了不同的理由，以各种方式制造和使用，而影响效果的制造和使用，对其所携带的意义才是最重要的。图像有其专属的效果，不过该效果必须借助各种用途、作用才能发挥。人们观看图像总是发生在传播环境中，而社会传播环境促成了图像的作用。

图像的运用十分庞杂，对图像的诠释也已形成了繁冗的体系。文化本身是一个十分复杂的概念，“图像文化”仅是一种策略，而非一门学科，但图像文化的理论研究应该成为一门独立的学科。实质上，图像文化的核心内容极为简单，即关注社会或团体成员间“意义”的“交换”（exchange）和“生产”（production）。意义或明确或模糊，或真实或虚幻，或精准或通俗，或可视或可说，或妇孺皆知或出离想象……意义已构成了当代社会人们行为举止的一种日常生活（daily life）方式。

“日常生活”正是当今发生在全世界的一场深刻的“文化革命”（也有人称之为“文化转向”“图像转向”“视觉中心主义”），即景观社会取代商品社会；图像、空间、日常生活概念取代生产方式、生产力和生产关系等政体概念；

图像艺术行为取代阶级斗争；艺术家和“漂移”的心理学意义上的观念“异轨”扬弃了异化和拜物教。[①]在日常生活中，跨文化的图像经验构成了图像文化的领域，因此，当代社会的主导性本身主要表现为一种被展现的图景性，日常生活中所有层面都被资本业商品化了，人体甚至在这一过程中也都未能幸免。当代社会人们的日常生活已是一种全球经济一体化及地域多元文化的同质性和异质性的互动，是全球化“网景”（internet spectacle）[②]的视觉互动，新兴的图像式的全球视觉互动随网络“网景”的使用而逐渐清晰成形。

图像文化具有变动性的诠释结构，焦点集中在视觉图像传播上，并和人们的日常生活产生互动。它的最大特色就是将那些本身并非视觉性的事物予以“视觉化”（visualizing），

---

① 这里引述的主要观点来自居伊·恩斯特·德波（Guy Ernest Dobord）的《景观社会》一书。他在该书中认为：“世界已经被拍摄”，发达资本主义社会已进入以影像物品生产与影像消费为主的景观社会，景观已成为一种物化了的世界观，而景观本质上不过是“以影像为中介的人们之间的社会关系，景观就是商品完全成为殖民地社会生活的时刻”。参见〔法〕居伊·德波著，王昭风译：《景观社会》，南京：南京大学出版社，2006 年，第 3 页。

② 网景，意为通过互联网而呈现的图像。它是由图素（picture element）影像和像素（pixel element）银幕建立起来的影像。从更广义的角度上来讲，网景就是我们视线所及之处，涉及了我们“观看”的全部，并决定了我们可能看到什么东西。

且充分发挥图像传播的技术效能。

国内外的专家学者对“文化”的定义十分繁多，讨论起来更是复杂。如前文所言，文化的核心内容非常简单，即关注社会或团体成员间“意义”的“交换”和“生产”，而“意义”的“交换”和“生产”又恰恰是文化的核心理念。图像是视觉的对象物，在文化传播活动中，图像是结构主义的终结，同时成为经验主义的工具。

面对比过往年代倍增的机械复制图像、数字图像和各种图像转换以及图像展示方式，有人惊呼这是“图像时代”，甚至宣称“读图时代”来临，将图像简单理解为一种与文本对立的文化机制，将图像传播与其他形式的传播区隔开来，将多看图像、多读图像描绘为这个社会的一种时代性的群体文化特征。

当然，在语言霸权年代，话语也确实是这样横行着的。图像的繁殖对破除“文本凌驾于视觉图像之上”的“殖民心态”有一种抵抗作用，但这种用力过猛的情绪行为，丝毫无助于人们认知图像，无助于视觉文化的研究领域的界定，无助于图像文化研究的顺利进行。

在人类历史演进的长河中，视觉（图像）一直伴随着文化的焦点而转向，从西哲苏格拉底的“眼睛”和与之相关联的“视力”“眼界”的权威性论述，到东圣墨子的光线八条[①]昭示后人；从文艺复兴透视法的科学启蒙到毕昇活字印刷的普遍使用……从裸视到镜像，从镜像到景观，从景观到网景……话语始终被社会视为“最高形式的智慧表达”，而“将视觉再现视为次等的观念陈述体”。在传统的观念里，认为语言是“人的根本属性”，如“人”是“会说话的动物”，人区别于动物又高于动物的社会特征是“会说话”；而形象（图像）一直被认为是亚人类的媒介，如野人是“不会说话的动物”等，甚至将妇女、儿童、智力障碍人士和大众当成亚文化群体。[②]而社会普通民众一直与这种贵族式的菁英文化抗争着，当视觉文化转到以人们的日常生活行为为主，将

① 墨子所著《墨经》，从早为人们认识的光的直线传播原理出发，首先提出了影与光、物之间的关系。《墨经》还介绍了平面镜成像，叙述了凹面镜、凸面镜成像的规律。墨家私学不仅相当系统地研究和传授了几何光学方面的知识，得出了精辟的见解和结论，而且在研究和传授中已运用了观察、分析和科学实验的方法。墨子提出的“景不徙，说在改为”“住景二，说在重”“景之大小，说在地正、远近”“景倒，在午有端，与景长，说在端”“光之人照若射。下者之人也高，高者之人也下。足蔽下光，故成景于上；首蔽上光，故成景于下。在远近有端与于光，故景库内也”等光学八条理论，是世界上最早的关于光学的科学论述。

② 米歇尔曾讨论过控制视觉和语言经验关系的习俗：“把词语置于视觉之上，言语置于景观之上，对话置于视觉景观上。”〔美〕W. J. T. 米歇尔著，陈永国、胡文征译：《图像理论》，第 78 页。米尔佐夫也曾深入探讨过这个问题，认为这种将语言置于视觉之上，将妇女、儿童和弱势群体比作如视觉文化那样的亚人类文化，是殖民文化社会的典型特征。

图像“看作是视觉、机器、制度、话语、身体和比喻之间复杂的互动”时，大众首先把目光投向社会上越来越多的影像、赝像和视像。

如同“文字的世界”取代不了“图像的世界”一样，“图像的世界”也不要试图满心欢喜地去做取代“文字的世界”的梦。虽然我们承认，视觉可以“瓦解”并“挑战”任何“纯粹以语言学角度来定义文化”的企图。人们急切地为图像正名的心情可以理解，但越过理性边界的“大呼小叫”只会使事情变得更糟，使得原本就“放肆”的图像更加“轻狂”。图片不是图像，画作、影视画面也未必就会成为图像。图像一直葆有它的特质并与文本组构在一起，图像传播中的图像与文本既呈现着复杂的胶合状态，又显示出简明的组合形状，而不是相互对立的状态。米歇尔曾针对人们对图像的态度说过：“把形象读作文本的观点在当今的艺术史中已不是什么新鲜事了：它是流行的智慧，是新的东西。”[①] 当今社会，这样的一种“智慧”正在我们身边“流行”着，正如“读图”成为一个既新鲜又时髦的话题一样。

就图像和文本而言，这实际上是一种同一关系。正如文学很难摆脱视觉性，人们也很难使图像摆脱话语。文本的形

① 〔美〕W. J. T. 米歇尔著，陈永国、胡文征译：《图像理论》，第 86—87 页。

象“就在图像内部，当它们显得最彻底地缺场、隐藏和无声时，也许就在图像的最深处”。同理，“适合于话语的视觉再现也不必是外来的：它们已经内在于词语之中，在描述、叙事‘视野’、再现的物体和地点、隐喻、文本功能的形式安排和特性之中，甚至在排版、纸张、装订或（在口头表演的情况下）直接听到的声音及说话者的身体之中”。[①] 因此，可以说所有的文化传播媒介都是混合的，所有的再现图像都是异质的，虽然图像有其迹象性的一面。

如果说真有所谓“图像时代”“读图时代”的出现，那一定不是以图像出现的多寡和图像出现的频率作为指标示人的，那一定是话语集中在视觉事物（视觉图像、驱动和维持图像的图像科技、图像受众）之上。人们乐于探讨的一定是图像产生意义的三个场域——图像的生产场域、图像的自身构成场域和图像被受众观看的场域，而不是其他别的什么，“图像纯粹”既是不可能的又是乌托邦的。

图像的意义，不在于它有无意义，而在于传播效果的体现，在于受众对图像的认知与诠释。图像主导文化的兴起如Decoard所言，乃是肇因于此种累积的现象核心（capital）是景观（spectacle），所以它变成了一种图像。视觉图像在这次

---

①〔美〕W. J. T. 米歇尔著，陈永国、胡文征译：《图像理论》，第86页。

"文化转向"的运动中，就这样不情愿地，却又迫不得已地充当赤裸裸上阵的急先锋，这一切的形成都有赖于图像传播技术的成熟、图像传播的大众化。当图像成为"日常生活"消费的必需品时，这一切的发生也就没有什么好奇怪的了。

图像广泛传播造成的后现代社会的典型特征，就是将知识予以视觉化。在此之前的社会当然也是不断地填充视觉领域的，甚至学会一些加快填充速度的办法，但现在视觉科技的发展、图像文化的普及、消费文化的需求，使得这种快速超载的强刺激成为可能并日渐以加速度提升，图像成为人们日常生活的内容，身处其中的现代人呈现出一种视觉化的强烈倾向。这种图像式的描绘事物和将其视觉化的倾向，并不是要取代论述（discourse）①，而是使论述更加包罗万象、更快速、更有效率。尤其在互联网高速运行的社会里，生活照、医学图像、影视图像、广告图像、电脑图像、数字图像都已成为家庭主妇的日常视象，就连外星空探秘的高科技图像，也被电视机前的儿童津津有味地言说着。图像已经成为人们

① 大体而言，论述指的是由社会组织而成的针对某一特定主题的谈论过程。根据福柯的说法，论述是一种知识体，既能定义也能限制关于某件事物应该谈论哪些内容。在没有特定指涉的情况下，这个名词可应用在广泛的社会知识体上，如经济论述、法律论述、医学论述、政治论述、性论述和科技论述等。论述乃针对特定的社会和历史脉络，而这两者都会随着时间而改变。

描述事物或将知识视觉化的有效载体，图像成为视觉对意义的创造或争斗的一个场所，成为消费者的消费必需品，成为资本业获得最大利润的有效手段，图像思维也成为一种“结构性的观看”的视觉经验。

图像是人文社会科学研究领域继符号学之后的重新发现。前文说过，它在能指和参照物之间应用了一种质的相似性，它模仿甚或是重复了事物的某些特征，由于这些特征大多可以依据视觉而被感知，所以它的日常用法总是赋予了视觉图像优先解读权，但在质的相似性的视野下，图像并不一定是视觉性的，正如我们用几种生理感觉器官来感知现实物质世界一样，不仅仅模仿一种物体的视觉性质，同时也可以模仿其听觉特性、嗅觉特性、触觉特性、味觉特性，甚至是精神特性乃至幻觉。因此，除了视觉图像之外还应有听觉图像、嗅觉图像、触觉图像、味觉图像，以及精神图像、语言图像、幻象（illusion）等。

前文强调过，图像的独特之处在于它既属于技术层面又属于文化内容，而图像一旦离开了其生产的场域被社会传播，即刻显示出它丰富的文化内涵，需要观者“看”着它将其诠释。

虽然图像是一种结构性文化符号的建构，但它远远超出语言学家和符号学家的掌控和统辖范畴，不乏有语言学家将它纳入语言学范畴、符号学家将它纳入符号学范畴，图像也只是在它们霸权般的言说下呈现出部分相符。实质上，它一直处于一种独特的图像文化形态中。在它周围挑选几门相近学科研究是远远不够的，它是跨学科研究的新对象，是人们认识世界、了解世界、诠释世界的一种视觉化方式。

三、图像是视觉符码也是文化代码

图像的本质性用途是一种社会性的文化代码。因此，我们在“看”图像的时候，实际是把图像视为图像符号系统，并进行视觉的、语义的，乃至意义的解构。图像符号解构就是探究图像符号的意义问题，实际上就是研究图像的社会效度问题，也可以说是专门化的图像符号学问题，通俗地讲就是解读图像。

人们曾经借助于普通符号学的工具，研究如何更恰当地勾勒出图像的图像性（类比性）的一面（一种被普遍承认的一面），以及图像的指标性（造型性）的一面（除了用于摄影记录之外，人们在习惯上并不将其视为图像的特征）。如果我们从意义的角度来探讨图像的迹象性、类比性和象征性，尤其是图像的符号性（象征性）的一面，就会发现图像的象征性是由一些具有社会文化性代码并对我们的阐释起支配性作用的参数搭建而成的。对图像意义的解读从某种角度来讲，其实就是对图像符号的一次社会性拆解，因此需要我们有相当的耐心。

在对图像意义的深入探究上，国外有许多学者倾注了大量的心血，其中以罗兰·巴特（Roland Barthes）的投入最为彻底，他以其独特的方式完成了著名的著作《图像修辞学》（*Rhétorique de L' image*，1964 年），他在论述图像符号学时提出了一个疑问，即图像是如何具有意义的，这也成为今天图像文化研究的焦点。

1. 图像的意义

这个问题听起来很简单，也容易回答，但要在图像符号的层面上回答（或者说在符号学意义上回答）就不太容易了，需要借用一种特殊的方法。这一问题主要涉及符号学的手段，但并非专属于这一范畴。同样是这个问题，不同领域的专家（如造型艺术家、艺术理论家、哲学家、历史学家、精神分析学家、美学家、文学家、传播学者等）有不同的答案，会出现“仁者见仁，智者见智”的类型景象。实际上，他们对图像及图像意义的反思和回答，都还没有脱离他们可能掌控的动力范围。人们意识到，艺术尤其是视觉艺术，使得理性、非理性、认知理解与直觉经验，甚至神秘事物的沉思都联系在一起，许多学者和艺术家也醉心于此，理解这些不同的认识层次是如何组构的，重要的就是分析其中最容易理解的机能，实际上也就是倾力于对其意义的探究。

20世纪70年代，西方许多社会科学研究人员用以了解社会的生活方式已经开始转向，史称“文化转向”（cultural turn），而推动这次文化转向的就是视觉中心主义（ocularcentrism）的出现，人们开始从视觉事物（the visual）搜寻意义。此时，图像的意义才真正走进大众的视野，变得如邻家女孩般可爱起来。正如吉莉恩·萝丝（Gillian Rose）所言：“人们感觉意义或真实或虚幻，像科学般精确抑或像泛泛之见；日常对话、精准的修辞、高雅艺术、电视肥皂剧、梦境、电影和缪扎克（muzak，公共场所常播放的俗滥音乐）都是意义传播的途径；而不同的社会群体会用各异的方式理解世界。”①

在此之前，俄罗斯形式主义者找到了一些关于这个疑问和某些回答模式的例子，如伊乌里·洛特曼（Iouri Lotman）就认为，艺术是言语、交流方式，因此也是“许多手段”。

①〔英〕吉莉恩·萝丝著，王国强译：《视觉研究导论——影像的思考》，台北：群学出版有限公司，2006年，第7页。

法国学者玛蒂娜·若利（Martine Joly）认为这种主要针对诗歌的疑问，早早地便污染了一种通过图像来反思意义机制的行为，这对苏联导演爱森斯坦（Eissenstein）的思想影响很大。爱森斯坦对于蒙太奇的反思和试验，主要是在电影影像的生成模态上。他导演的电影《战舰波将金号》里的“敖德萨阶梯”成为蒙太奇的典范，其图像对意义的揭示至今仍是完美的。

对图像的意义产生质疑的还有精神分析学家，尤以弗洛伊德（Freud）、福柯（Foucault）为代表，他们工作中最重要的一部分就是有关艺术创作及艺术作品的意义。当然，艺术理论家、艺术教育家也加入到这个探讨的队伍中来，如康定斯基（Kandinsky）、克里（Klee）、乔尼斯·伊藤（Johanes Itten）制定了一些分析视觉作品意义的方法；以贡布里希（Gombrich）为代表的艺术史学家对图像的意义提出了诠释的方法；以古德曼（Goodman）为代表的哲学家和以潘诺夫斯基（Panofsky）为代表的图像研究专家也都对图像的意义进行了高度的质疑、深度的剖析和广度的推演。

2. 图像的限定

这是法国学者雅克·奥蒙（Jacques Aumont）在探讨图像意义的时候所总结的。他认为图像中对时间和空间的表现通常被一种更为普遍的目的所限定，这种限定活动具有一种叙述性，也就是说图像的叙述性（表达意义的过程）是被限定的（“被察觉的”或“被命名的”）。这种叙述性表现在两个方面，一是与表现相关的，是具有情节性的时间和空间；二是表现后的变化本身也是在一种故事的变化过程中，或是在一种故事片段的过程中。故事就成为图像叙述的结果。[1]

人们都清楚地知道，故事是一个想象的构建，具有自身的规律，并且或多或少与自然界的规则相类似，或者说至少是与其概念相类似，而这种概念本身也是变化的。事实上，整个情节性构建大部分都是被其社会接收性所限定的，也就是被社会中的约定性、编码，以及现行的象征主义所规定和命名，最终成为一种带有社会性的文化符码。

图像的这种社会文化性特征非常明显。例如，我们从《清明上河图》中可以看到宋代京都的街头市景和风俗人情，以及当时政治、经济、文化等情况；从江苏连云港将军崖的岩画上，我们可以了解东夷国先民们的生存状况和图腾崇拜等；在古希腊及古罗马的视觉作品中，我们通常也会发现这些作品经常能够提供一种关于它们所产生的那个时代的信息。当然，这些图像提供的不是那个生产时代的本身，而是

① Jacques Aumont: *L'image*, Paris: Nathan, 1990，P.47.

关于那个时代的一些信息。因此，如何能够读出这些信息是一种专业能力，是需要受到专门训练的，如果是当代题材，那么未经训练的大众就具有这种能力。但人们也发现，面对同一题材，其表现出的形象有的有一些相同之处，有的并没有任何共同点。

应当承认，所有的图像作品都被观众甚至可以说被其历史的、连续性的观众加入了一些意识形态的、文化的、象征的陈述在里面。如果没有这些，图像作品也就真的失去了意义。奥蒙认为，加入的这些陈述可以完全是暗含的、不必言明的，但这并不是说这些陈述是不可言明的，图像的意义问题首先在于图像与言语、图像与语言之间的关系问题。①

图像与言语、图像与语言的问题虽然是被人们经常提及的问题，也是专家学者们讨论过无数遍的问题，但在这里，我们还是不得不再次地郑重提起：并不存在“纯粹的”图像、完全图像性的图像，因为为了能被完全理解（拒绝阐释也是一种理解的途径），图像必不可免地要带有一种语言的表述。

在这一点上，所有关于意义的研究方法都抛开门户之见，破天荒地达成了高度的一致。对于符号学来讲，它认为语言是一切文化传播现象和意义现象的基础和范例，如克里

① Jacques Aumont: *L’image*, Paris: Nathan, 1990，P.50.

斯蒂安·梅茨（Christion Metz）就曾指出：在图像中不仅存在着一系列的非图像性编码，而且图像性编码本身也只有在参照语言的情况下才可能存在。[1] 伽罗尼（Michel Colin）更为严格地提出：在图像与一种语言定义之间存在着定义性的相互依存关系。在视觉表象作用的研究中，也不要忘记象征领域。霍其伯格（Julian Hochberg）和布鲁克斯（Virginia Brooks）表示：经验性地认为在孩童对视觉图像的理解同时介入口语习得，并且这种理解是与口语习得相关联的。[2]

3. 图像的信息

这是一个十分棘手的问题，大多数人都会认为图像较之于语言是很容易被理解的，然而事实上却不是这样。图像传递信息的方法各不相同，所以我们在对图像进行解读的时候也要分别使用不同的方法，而不能套用我们对语言的理解方法。符号学派对这一点特别地关注，他们会突出地强调图像意义与词语意义之间的基本区别。

美国学者索尔·沃兹（Sol Worth）就曾指出：图像阐释与词语阐释是不同的，因为语法的、句法的、时效的、真实的特征与之并不相适应。而图像不能是真的或假的，至少不

① Jacques Aumont: *L'image*, Paris: Nathan, 1990, P.49.

② Jacques Aumont: *L'image*, Paris: Nathan, 1990, P.50.

能具有在口语意义上的真假，它仅仅能够表述某些陈述，尤其是一种消极的陈述。

图像不能说“不”，正如马格利特（Magritte）在他的烟斗画上标示的文字一样：Ceci n’est pas une pipe（这不是一支烟斗），那么图像是假的吗？当然，词语也不能像图像那样具有确认的物理颜色，正如一篇政治宣言所言，我们不能认定它是绿色的或是红色的一样。

实际上，我们可以在相反的方面坚持其相似性，或者是坚持两者之间的必然联系。前文提出的“被察觉的”和“被命名的”其实就是最为明显地得出图像的“视觉意义”和“阐释意义”之间相互关系的必要性。奥蒙认为其中一个重要的概念就是“图像命名编码”。当然，还要补充相当多的其他元素。

从艾科（Eco）到巴特，再到最近的一种趋势，那就是：在一种掌握语言和掌握图像的“深刻”机制之间的一致性假设的基础上，建立一种图像的“生成”符号学。在这一点上，目前已取得了部分学者的共识。

图像生成符号学实质上就是坚持图像的重要象征意义，之所以坚持，就是因为图像是能够表意的，在这一点上，图像与口语语言是密切相关的。但奥蒙也曾强调地指出：“我们明确地采取一种反对某些图像哲学的立场，这些图像哲学想要在图像中发掘出一种‘直接’表现世界的方法，可以与语言相抗衡却不利用语言，走一种捷径。”[①] 罗杰·米尼耶（Roger Munier）在其《反图像》（*Contre L'image*）一书中说道：图像以一种普遍的、具有强大暗示作用的表达方式来代替书写形式，并且，图像颠倒了传统的人与事物之间的关系，世界不再是命名的，它在自身的重复中表达自己，它变成了自身的陈述。他因此总结道：图像是危险的，并且应该通过将其纳入一种新的史无前例的形式而超越它，给图像的世界家人一种语言的自我陈述。

以上种种对于图像信息解读的观点，如果我们想继续列举的话还有很多。其中，有的对图像盛行大为赞赏并为之欢呼；有的为图像的入侵而表现出世界末日般的忧虑；有的支持图像的观点盛气凌人不可一世；有的反对图像的观点深恶痛绝，使出浑身解数咒骂。实际上，这些都不可取。这也充分反映出一些专家、学者的浮躁心态，反映出他们对图像认识的肤浅，以及观点的幼稚。有些观点往往过高地估计了图像在现实世界中的同一化，却忘记了图像的“象征策略”，两者相对立地使用，并没有任何共同之处；同时有些观点过

① Jacques Aumont: *L'image*, Paris: Nathan, 1990, P.193.

低地估计了语言在图像中的“深处”出现。米尼耶认为，对于应该“从属于”图像的语言来讲，电影就是一种有效的形式。与此相反，帕索里尼（Pasolini）提出，要在电影中看“现实的书面语言”。

这里需要特别强调的是，图像既是一种社会科学，又是一种自然科学。在自然科学方面，图像不但是再现或诠释自然科学的工具，而且本身就成为了自然科学研究的对象；在社会科学方面，图像是传播知识和建构文明社会的重要媒介，建构着人们对世界的认知 / 想象与认知 / 想象的方法。

贰 图像学理论

图像（image）是一种结构性符码的建构。符码是一个文化或次文化成员所共用的意义系统，它由符号和惯例规则共同组成。解读图像也就是发现意义的过程，意义不但需要从视觉信息中获取，更需要从文化中理解。

一、图 像 学

图像学，顾名思义就是关于图像的学问，对图像的论述。它是用来解释视觉造型活动及其对视觉作品的意义进行阐释的科学。目前，图像学既是一门人文社会科学，也是一门自然科学。

在西方，“图像学”一词是由希腊语“图像”演化成的“图像志”发展而来，它最初是对基督徒图像（基督像与圣徒画像）系统的说明及研究，研究绘画主题的传统、主体呈现、意义阐释及历史文化发展脉络。由于图像学及与图像学相关的词语（iconography、iconology）在西方相当复杂多义，故图像学在西方从它一出现就一直争论不休、讨论不断，中文对它的翻译解释、论争也是一直不断，观点各有千秋、各具其理。本书只能从实用的角度出发，约略地梳理出一条主线，将图像学最主要的方面呈现出来，为读者提供图像学的基本面貌，而不是纠缠于所有需要深入研究的各个方面。书中所观照到的西方学者和中文译者的论述，并不代表笔者就同意这样的观点，没有观照到的也并不意味着笔者就放弃或反对这些观点。

前面已经讨论到对图像的定义十分复杂，美国学者多从叙事学的角度考虑问题，而欧洲学者多从符号学的角度考虑问题，其结果是对图像（icon、picture、image）有了不同的定位和不同视点下的解释，中国学者对这些解释又有不同的理解和不同学科背景的专业性话语的需要。那么对于图像学（iconography、iconology）的理解和专业性解释的难度就可想而知了。目前，中国学界对图像学的讨论也是热闹非凡、尚无定论。台湾学者陈怀恩先生在《图像学——视觉艺术的意义与解释》一书中对图像学做过很细致的梳理和很深入的研究。

陈怀恩先生以英语世界为例，将《韦氏辞典》中对于

iconology 和 iconography 的相关词条解释进行梳理[①]，如表 1 所示。

表 1　英文关于图像学的解释

icon（ikon）	1572 年首见于英文世界，拉丁文，源自希腊文的 eikōn，和 eikenai 也颇相近，其用法与意义如下： （1）常见的图像，与 image 意义相同 （2）专指希腊文 eikōn 之意：传统宗教图像，通常绘制在小型木质画板上，用于东正教之奉祀 （3）未经检验的崇拜物，与 idol 意义相同 （4）标志，用法同于 emblem、symbol。如“这栋房舍成为 19 世纪 60 年代住屋建筑的标志（icon）之一”（Paul Goldberger） （5a）某种记号（文字或图形标志），该记号之形式可以暗示其内在意义 （5b）电脑荧幕上的图形标志，通常用来指示物件种类或者某种功能
iconography	1678 年，来自于中世纪的拉丁文 iconographia，其字源为希腊文名词 eikonographia——描绘、描述；动词 eikonographein——描述，eikon-+graphein（书写）。 （1）和某个主题相关，或者直接说明该主题的图像资料 （2）传统或者沿袭而来的图像或标志，该图像或标志会关联上确切的主题，通常是某种宗教或者传说的主题 （3）艺术品、艺术家或者某种艺术的影像系列或者象征系列 （4）等同于 iconology
iconology	来自法文的 icoonologie，由 icono-icon - + - logie-logy 两字所组构而成，约出现于 1736 年，指对于图像或艺术象征所作的研究

资料来源：陈怀恩：《图像学——视觉艺术的意义与解释》，台北：如果出版社、大雁文化事业股份有限公司，2008 年，第 19—20 页

从《韦氏辞典》中可以看出“iconography”这个名词的四个应用方向。

① 陈怀恩：《图像学——视觉艺术的意义与解释》，第 19 页。

（1）当我们使用 iconography 一词来指称“和某个主题相关，或者直接说明该主题的图像资料”时，这时的 iconography 等于是广义的“图像汇编”和“主题图库”。

（2）当我们使用 iconography 一词来指称某些由“传统或者沿袭而来的图像或标志，该图像或标志会关联上确切的主题，通常是某种宗教或者传说的主题”。就西方传统来说，此时所说的 iconography 一词接近于基督教图像学或者东正教圣像学上所出现的各类图像。

（3）iconography 一词若是被用以指称“艺术品、艺术家或者某种艺术的影像系列或者象征系列”，其所指是以“整体”为图像。

（4）当文字使用者将 iconography 等同于 iconology 时，iconography 指的是一门学科。至于 iconography 是否真能等同于 iconology，则是学术问题。一般辞书显然无需亦无意于此多所着墨。[①]

西方最早在艺术史上滋润了图像学，其时图像学有两个面向。

第一，这种学术研究致力于对欧洲具象绘画主题所作的认识与说明，关切的问题是这些绘画上所描绘的人、事、

① 陈怀恩：《图像学——视觉艺术的意义与解释》，第 20 页。

物为何；画面上的场景有何意义；图像中的人物又会是什么概念的体现或拟人像；上述的这些图像描绘形式又以何为本。

第二，它是一种致力于理解图像意义内容、解释图像含义的艺术史学方法，这种方法既可称为 iconography，有时也会称为 iconology，以便和研究图像主题内容的图像学有所区别。如果从实用的角度出发，将图像学区分为“应用图像学”和“解释图像学”，那么复杂的学术问题也许就简单了。针对某个时代特定图像的一般观感所作的说明，同时也是针对某个时代的集体审美形式所作的说明，就可以称为“应用图像学”（iconography）；如果是关于艺术学中的一门历史学科，学科目的在于鉴定和描述艺术作品，同时进一步诠释这些艺术作品的内容的话[①]，就可以称之为“解释图像学”（iconology）。

图像有自身的历史。图像也在历史之中。图像学的演变极为复杂，在不同的历史时期，图像学扮演着不同的角色和表现出不同的功用。总体来说，图像学是一门关于视觉作品解释与说明的整体性的学术理论研究与实践活动。陈怀恩先生将它分为几个时期。

---

① 陈怀恩：《图像学——视觉艺术的意义与解释》，第 16—17 页。

早期图像学说明欧洲在文艺复兴时期出现的独特艺术类型和图像表现形式。由于这些艺术类型的制像者或设计者自觉地构作出各种图像和语言结合时涉及的规范与准则，充分表现出制作者在建构图像象征系统上的努力，因而这一时期也被后来的图像学研究者视为图像学确切成立的时期。

传统图像学顺应这种体系，继续发皇，最初虽然以图像整理汇编的形式展现，但是也有一套清晰的选择方法或者解释原则，这种体系化的图像归整与说明工作，称为图像学并不为过。同时，也因为这些实践性格的图像体系建构，使得后人针对艺术对象的主题和内容进行研究成为可能。换言之，我们今天能够对图像中的母题、观点和反复出现的题材进行描述和分类，以便认识作品所要显示的意义，完全取决于艺术家在创造象征时进行的那套自觉的实践活动。

传统图像学的努力使得这种研究活动最终在19世纪正式获得学科名称，这门学科在中文里可称为现代图像学。正如前文所言，现代图像学建基在传统图像学的成果上，包含了iconography和iconology两种面向，学者一方面继承、改善传统图像学的研究方法与程序；另一方面又开拓了图像学意义认识的文化解释进路，将图像学建设成一门与文化人类学、哲学相亲互邻的人文学科。

后现代图像学所对应的学术问题，大多在 iconology 层次。然而，某些艺术学写作者也会使用 iconography 一词来减缓其哲学意味，美国后现代作者更经常直接使用 iconology 一词，挑战和颠覆由潘诺夫斯基所代表的现代图像学学术主导地位。由此看来，当我们企图描述一门以“图像”作为中心议题的学术活动，并且希望说明这门仍然持续发展中的学术走向时，中文的图像学一词还算是相当顺适的用法。[1] 陈怀恩先生是在艺术学的范畴内来讨论图像学的问题，得出这样的结论不奇怪，甚至合情合理。

图像学的发展和社会作用早已超出艺术家、历史学家，甚至整个人文社会科学工作者掌控的范围。可以说，在图像学诞生之初，甚至在西方发展出“图像学”学科的前夜——“前图像学”时期，人们就已经广泛使用“图像学”的理论工具分析和解释视觉作品的问题，人们使用“图像学”的分析工作解决社会生活，尤其是自然科学研究中的问题。

因此，笔者在此郑重地表明，西方关于图像学名词的出现时间可考可证，但图像学绝对不是图像学这个名词出现之

① 陈怀恩：《图像学——视觉艺术的意义与解释》，第 26—27 页。

后才有。在此之前，人类无数的科学技术实现、人文社会科学实践清楚地表明，“图像学”一词的使用充其量是对图像科学或者图像学实践的荣誉性追认，如同孩子长大才取名，但孩子的年龄是不能从取名那天算起的一样。

古今中外，对图像学名词的反复考察和论辩太多，尤其以西方“图像学”一词的出现为源头，大多没有任何实质性意义，对图像学的建设更是于事无补。图像学早已经超出在书斋论争与思辨的范畴，它在上至天文下至地理、左拥哲学右抱艺术的广阔天地里自由地实践着自己。理论家不必因此劳神耗时、倾情卖力，无休止地自说自话考究它，中国的“图像学”几千年的实践提醒我们“莫畏浮云遮望眼”，忘却了做学问的根本，我们应该走进图像学实践的田野，实事求是地对图像学进行体认和考察。

二、图像学的任务

图像学发展到今天已经展现出与最初欧洲艺术学视野下“图像学”研究不同的面貌。目前我们所指的“图像学”旨在建立一个理论对象，并提出有关完全形式化的总体模式，着力阐释图像的定义本身，以及图像的结构、动力等。其性质是哲学性的，是关于图像学研究的一种理论性思考。

图像学原旨是通过视觉印象的认知，穿透性地理解一个时代的复杂文化领域。在这一根本点上，古往今来都没有多大变化。

西方图像学的任务“就在于替我们解开那些隐晦一如密码的古代图像秘密”，陈怀恩先生形象地比喻：“说得滥情一点，图像学研究者就像是替孩子们讲睡前故事的父母亲，一直反复叙述着大人们耳熟能详的各种故事情节。”正如寇普·许密特所言：“图像学工作的目的，是要描述或者重建那些因为时代变迁而逐渐被人所遗忘的图像意义，好让艺术史的门外汉和非该类型艺术的专家学者们理解这些艺术品的实质内容。”①

图像其实只是一种媒介，一种视觉媒介，人们最关心的是这种媒介所能引发的社会意义，“意义”成为图像学研究的本质性任务，“意义”的“生产”和“交换”成为图像学研究的全部内容。

陈怀恩先生在“视觉语言”的言说形态下整理归纳了亚奎纳（Thomas von Aquin）对图像所能产生的“意义”的简图，如表 2 所示。

---

① 转引自陈怀恩：《图像学——视觉艺术的意义与解释》，第 14 页。

表 2 亚奎纳的"意义"区分

文 (littera)	字面意义（sensus litteralis）/ 历史意义（sensus historicus）：经典中所指涉的确切历史事物
质 (nucleus)	(1) 譬喻意义（sensus allegoricus）：经典所提到的历史事物的形象，处处透显出耶稣和教会的踪迹 (2) 道德意义（sensus tropologicus / sensus moralis）：经典借由这些历史事物的形象，对个体生命所提出的劝喻 (3) 归宗意义（sensus anagogicus）：经典借由这些历史事物的形象，提出神秘的他世或者末世神学的意义

资料来源：陈怀恩：《图像学——视觉艺术的意义与解释》，第 30 页

正如一份 13 世纪手稿所显示的：字面意义教导我们事件，譬喻意义告诉我们信仰，道德意义指示我们行为，归宗意义告诉我们奋斗的方向。[①]

就艺术作品的视觉性解读而言，人们更乐于接受简明、实用的图像阐释立场，即对图像的"意义"理解为三个层面：原意（meaning）、意义（significance）与含义（implication）。

按照贡布里希的理解，当人们要诠释作者的原意时，必须针对其原始意图与方案入手；当人们说明作品对观看者的启发和意义时，或许可以得到各种因时、因地而异的意义解释；然而当人们推论作品所蕴含的可能意义或者创作理念时，

① 转引自陈怀恩：《图像学——视觉艺术的意义与解释》，第 31 页。

这种含义或许会成为一种诠释学立场那种诠释的融合。[①]

这些对图像的说明和阐释方法都有效，但就普通理论而言，且经过世界上不同国家、不同文化族群、不同信仰的图像学研究者的长期实践表明，潘诺夫斯基对图像的三维解释理论更能为大多数人所接受。

按照潘氏理论的要求，首先要做的是图像描述。图像描述也称为前图像学描述，即图像与物体的辨认。潘诺夫斯基认为，首先要进行的就是对图像进行前肖像学描述，这种描述仅仅限于研究各种母题，通过对图像作者呈现出的线条、色彩、影调等的再现来分析构成的对象或事件的母题世界。这项工作看起来很简单，因为依据我们的实际经验就可以顺利进行，但实际上并不是那么回事，这是因为个人的经验再丰富，面对千变万化的母题世界，也还是会有许多无知；个人的科学文化知识再多，面对现实的物象世界也会显得很苍白。因此，我们要在不断的学习和实践中，用我们掌握的确凿的专业知识和辩证的历史观来对母题世界进行描述。“当我们认为我们完全是根据实际经验鉴别各个母题时，实际上，我们是用这种观点——对象和事件都是在不同历史条件下通过形式来表现的——来理解‘所看到的东西’的。这样

① 陈怀恩：《图像学——视觉艺术的意义与解释》，第32页。

做，就把我们的实际经验隶属于一个也可以称为风格历史的正确原则了。”①

其次是图像分析。图像分析也称为图像学分析，即图像象征的确认。图像学分析是以各种文化传统中传承下来的特殊的题材和掌握的概念为先决条件的，而不管它是正史还是野史，是文字书面资料还是民间口口相传。潘诺夫斯基认为，图像学分析是研究形象、故事甚至是寓言的，但它不是研究母题与前提（Presupposition）的。因此，作为图像的作者必须熟悉这些历史上的东西，不管通过什么样的途径和手段，都要掌握充分的资料，这样才能驾轻就熟，得心应手地去表现。潘诺夫斯基曾举例说道：“澳洲丛林居民不可能认识《最后的晚餐》这幅作品的主题（subject），对他来说，这幅画仅仅是表达了一次兴奋的午餐聚会。要理解这幅绘画的肖像学含义，他就必须熟悉《福音书》的内容。当我们遇到一些再现了只有一般‘有教养的人’偶然知道的历史和神话题材的作品，而不是有关《圣经》的故事或场面时，我们都要变成澳洲的丛林居民了。”② 当然，也不是说我们掌握了充

① 〔美〕E. 潘诺夫斯基著，傅志强译：《视觉艺术的含义》，沈阳：辽宁人民出版社，1987 年，第 42 页。

② 〔美〕E. 潘诺夫斯基著，傅志强译：《视觉艺术的含义》，第 43 页。

分可靠的材料，就一定能够正确无误地分析，正如风格历史对我们的实际经验修正一样，这种传统的知识和文字资料也需要用典型的历史加以修正。

最后是图像诠释。图像诠释也称图像解释学的阐释，即图像的文化根源的解释。我们也可以直接译为图像的诠释，这种诠释被潘诺夫斯基称为圣像学的诠释。当然，这不是对特定的题材的运用和概念的表达，也不仅仅是对传统知识、文字资料的梳理，而是对图像作出一种既具有专业学养，又具有普适性的分析性话语。“我们希望掌握使我们对母题作出选择和表现的，构成形象、故事和寓言的创作和解释的，甚至为形式的安排和技术过程赋予了含义的那些基本原则”[①]，不是为了别的，就是要使图像的诠释能够与图像内容所要表达的相吻合。

三、图像学研究

当前，不管是国内还是国外的学术界，图像学研究都是一门显学。图像学研究从来没有这样热闹过，研究者怀着不同动机、不同目的，从各自的学术背景和学科视野出发，研究图像学的方方面面，图像学研究的成果近年来也是颇为丰

①〔美〕E. 潘诺夫斯基著，傅志强译：《视觉艺术的含义》，第46页。

硕的。各种声音都有，各种观点争艳，真可谓百花齐放、百家争鸣！

笔者涉足图像及图像学的研究领域也有多日，最初十来年是因为刑事警察勘查现场的需要而对“痕迹性图像”着力，接下来的十来年是因为艺术创作和摄影教学的需要而对“相似性图像”投入，近十来年是因为理论研究的兴趣与科研课题的需要而对“象征性图像”倾注精力，可以说笔者这三十多年都“被图像”了。虽然要求不同、目的不同，但有一点始终未变，即注重图像学实用性功能的开发和利用，在个人兴趣的支配下致力于图像学工具性方法的锤炼和使用效度的验证检测，及对图像学的研究方法进行修正和完善。换句话说，笔者始终是从事图像学形而下的民间通俗应用的过程解释，虽然偶尔会有一点体会，也会有一点琢磨，但与图像学研究的各路方家的形而上的宏观理论相比，还不能算是一种对图像学的研究，这是笔者一直以来的遗憾，但对图像学方法论的探讨是笔者一直着力的事情。

图像或图像学研究说到底就是一种关于“意义”的研究，图像的意义或明确或模糊，或为人所知或发生于感知之外，但图像终究是“意义”的“生产”与“交换”的载体，成为意义构成和传播的十分有效的媒介。图像的视觉图式是最古老也是永恒的、最容易也是最难的、最普遍也是最独特的描述世界、表征世界、理解世界的方式，因此，笔者视图像学研究为一种对“意义”的诠释。

对于图像意义的诠释，我们认为有三个场域应该引起我们的特别关注。在详细论述场域之前，让我们顺便认识一下图像的三种形态，即技术性形态、构成性形态和社会形态。把握这三种图像形态，对于了解图像是非常有益的，也应该是图像学研究的基本学术取向，后面将有专门的个案研究。

（1）技术性形态。有人把图像技术定义为“设计成供人注视，或美化自然视像的任何一种形式的机制”（不论是图画、电影、电视或网络）。这也是我们要单辟一章专门谈论近代图像生产技术的重要原因。如果不从技术性的角度考察图像，对图像的所谓研究一定是极其肤浅的；脱离图像技术的图像新闻研究，是一种游离于图像主体的话语构建，隐藏着过度阐释的危险。

（2）构成性形态。图像制造过程中，人们必须利用一些形式上的策划，像内容、线条、颜色及空间配置等。这些策划中某些特定形式经常联袂出现，所以，有着图像视觉素养的人就可以借着特殊的构成性来定义一些图像。因此，在研究中应该对图像的作者给予尽可能翔实的研究，了解他们的工作状态、建构图像的手段、图像视觉风格以及文化背景等因素。

（3）社会形态。这是一个过于简略的词语。一般用它来指围绕在图像周遭的经济、社会和政治关系、建制等范畴，唯有透过这些范畴，图像才能被观看和使用。因此，研究中对图像的社会形态要给予充分的关注，尤其在图像分析时特别注意各种关系的交互呈现。

以上对图像三种形态的划分，有些类似于现代传播学的奠基人、《传播的数学理论》（*The Mathematical Theory of Communication*）的作者香农（Claude Shannon）和韦弗（Warren Weaver）对传播研究问题的划分。①技术层面：探讨如何精确地传递传播符号。这就如同图像的技术性形态。②语意层面：探讨传输符号如何传达出精确的原意。如同图像的构成形态，图像使用造型符号（如色彩、线条等）构成画面整体的图像符号，从而形成传播的语意。③效果层面：探讨接收后的意义如何有效地影响预期的行为。如同图像传播的社会效果讨论，这也正是图像产生“意义”的最后一个场域。笔者明知这种简单线性和强调过程的性质会招致许多批评，不过笔者也相信这种简约性也引发了许多后续发展。

上述各形态都可在以下说明的三类场域中发现，所以场域间的区隔也就不是很明确了。正如我们反复强调的那样，“意义”不但需要从信息中了解，更需要从文化中理解。

（1）图像制作场域。图像制作场域是对图像制作的物质技术场域进行阐释。所有的图像再现都以某种方式制造，其生产制作的环境条件则可能影响图像再现的效果。制作图像时所用的物质材料、制作技术决定了图像的形式、意义和效果。显而易见地，图像技术关系着图像的外观，并且干涉了图像可能发挥的作用和可能受到的对待。就图像学研究而言，了解图像生产制作过程中所使用的物质材料和制作技术是重要的。在图像学的研究实务中，应十分注意收集这方面的文献资料，重视考察图像的制作技术。

图像的效果有一部分来自显而易见的自发性，但还有相当一部分会因技术而实现。例如，石印技术印制的图像就要比木刻技术来得真切，新闻照片的真实性要归功于摄影技术。研究中，既尽量仔细地考察视觉图像制作过程中明显的技术效果，也注意到有些效果根本不是单纯的技术问题。

制作图像的第二个形态与其构成相关。有些学者论证图像的生产制作条件支配着构成，在与图像类型（笔者同意类型优先原则，即先确认图像的文本属性，再对图像进行解释）相关的层面上，这些论证最为有效。有的图像符合一种类型，但同时它又和其他类型的图像有关联，明确这一点，使我们能够解释这份内容丰富的图像资料的众多面向。

制作图像的第三个形态被称为社会形态。同样，有许多专家、学者坚称社会的形态才是了解视觉图像最重要的因素；还有些人辩称唯镶嵌着文化生产的经济过程形塑了视觉想象。我们谨慎同意这些观点，并运用此观点分析图像，我们知道必须对生产图像的文化经济过程有多方面的了解。然而，我们也清楚，过分强调广泛生产系统对图像意义重要性的影响，有时候又会忽略了图像自身的特性与细节。

我们承认，社会形态对图像制作有核心的重要性，但也不会忽视较为精细的分析方法，既关注特定的图像出版机构和图像作品，也注重当图像展示时或出版业界的整体运作情况。

（2）图像自身场域。图像自身场域是对图像自身的构成场域进行阐释。图像是一种完全不同于语言文字构成形态的视觉形态，是结构性符码的建构。图像是具有深刻意义的平面，在这个视觉平面内既充满了符号具（符指），也充满了符号义（符征），既有现场符码，也有再现符码。图像呈现外在世界事物的意义，既能将世界抽象化，也有将抽象投回外在世界的具体能力，或称想象力。因此，对图像的自身构成场域的研究就成为图像学研究的重中之重。

图像产生“意义”的第二个场域是图像的自身建构过程及技术。我们知道，任何一种图像都有形式上的组成部分。有些部分的来源乃是制造、再生产或展示图像的技术。图像自身构成的技术已发展成为一门独立的学科——图像构成学。

有人认为，构成对图像自身效果来说最为重要。图像的构成形式促成了人们观看图像的方式。对图像自身场域的构成形态研究在说明图像的观看方式上，有相当的说服力，而这类说明却会拒绝借助参考图像制作条件来解释观看方式。因此，我们应该小心翼翼地对待，在严格自律和自觉的基础上，进行有限制的分析。

图像的其他组成部分取决于社会的惯例。例如，有些图像是按照一定的目的制作给特定的媒体和展览空间使用的，因而某种程度上决定了它看起来的样子。这在各种复制性画册的出版上反映得特别清楚。我们知道，有人争辩图像有自己的效果，而效果超出图像制作（和传播）的种种限制。例如，有些人说摄影图像的特殊性质让我们用特定方式了解其使用技术，反之则不然；或者说，那些特殊性质形塑了镶嵌图像的社会形态，反之亦不然。

（3）图像传播场域。图像传播场域是对图像的社会传播场域进行阐释。图像的受众可能认同或不认同专家、学者为他们所做的关于图像“意义”的诠释，他们会根据自身的文化背景提出其他诠释。我们认为，受众以某种方式接受或拒绝才是图像“意义”和效果最终制造的场域，这就是图像的社会传播场域。在这个场域，因为受众是图像的观看者，图像受众也像媒材的阅读者一样，带有自己观看或阅读的方式以及其他种类的知识，这才是制作图像“意义”最重要的场合。约翰·费斯克还用“收视”这个词指称，视觉图像的意义由处在特定情况下观众的重新议定或拒绝来决定。

独尊图像意义是在图像技术场域被制作出来的。理论家也常常表示，用以制造和展示图像的技术，会控制观众的反应。实际上，这是一个需要仔细而慎重思虑的问题。例如，在电视上看某部电影，跟在大电影院用3D眼镜看，会有一样的视觉感受吗？观看图像的原作和一般性画册中的复制品感受会相同吗？在某个层次上，这些都很清楚地表明确实是图像的技术问题，比如图像的尺寸、成色、质地等。然而在另一个层次上，却又抛出了更重要的问题：在不同脉络下，图像如何被它的受众以什么样的方式注视着？在人流如织的闹市街头翻阅一本带有图像插图的书，和在安静的图书馆里仔细观看原件是不一样的。笔者想说的是，图像的社会传播场域即图像的收视地点，对意义和效果来说是非常重要的。

笔者承认，图像元素形式上的安排支配着观众如何观看图像，但这并非是唯一的支配因素。在此之外，个别观者在图像里不只看到作者给出的东西，他（她）还通过图像提供的一些冗余信息，看到了一些特别的东西，所以说观众有自己的图像诠释权。为此，在图像研究中需要对当时的图像观众给予一定的关注。

与图像的社会传播场域首位相关的是图像的社会性构成。社会性的形态可能是了解图像收视最重要的形态。在某种程度上，这是不同社会惯例的问题，不同的社会惯例在特定场域组成对特定图像的观看。人们通常以特定方式处理视觉图像，而处理惯例也会随着图像传播场域和图像种类的不同而有所差异。与图像传播场域第二相关的是图像的社会形态。图像学研究应该关注观看者的社会认同、不同受众如何以差异方式诠释特定视觉图像、受者互异的社会认同来源何处。

从图像学的角度而言，图像有三种构成形态：技术性的、构成性的、社会的。这三种不同的面向提供给我们研究图像的不同视角，进而得出了不同结论。分析图像的技术性、构成性和社会性问题是图像学研究的基础。

图像产制“意义”的场域包括图像制作场域、图像自身场域和图像传播场域。无论是哪个场域，我们都应该从技术性的、构成性的和社会的三个面向或形态去研究图像，这也是图像学研究相对独立和完整的方法论工具。

为了使读者快速了解这一颇为复杂的图像学理论，笔者将图像的生成、图像的分析和图像学阐释用图 50 来说明，需要强调的是，它只是简单认知图像学研究的示意图，而不是图像学研究的任何原理性说明。

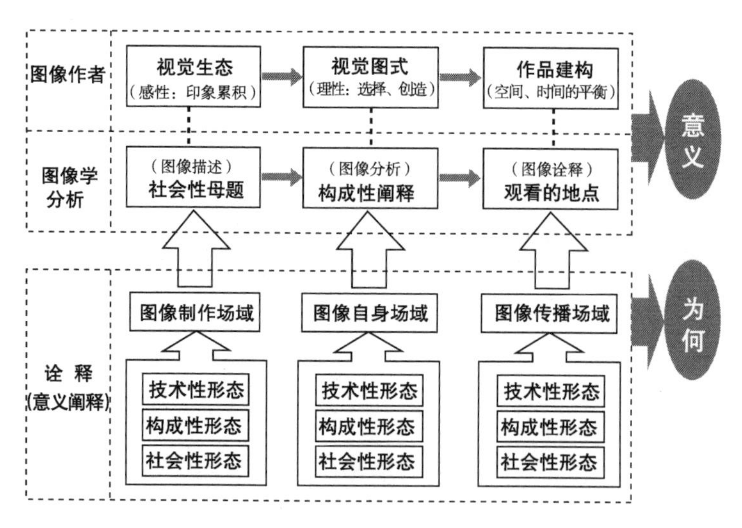

图 50　图像的生成、图像的分析和图像学阐释示意图

四、图像学的研究内容与研究面向

当今社会的学术研究路径丰富多样，图像学的研究内

容更是繁复庞杂。每一项研究内容的选择可以说都在充足理由的支配下信心满满地进行着，有的是关于文本的言说，有的是关于言说的文本。笔者是个应用图像学的拥趸者，关心的是对图像本质特征的研究，而且倾向于把复杂的问题简单化，以期增加研究的明晰度和可理解度，由此可能会带来研究文本的某些漏洞和深度论述的不足。

笔者认为，图像学研究首先要探讨的就是图像与本质问题，要从史前的图像考察开始，讨论“前历史”时期的“模仿图像”和“痕迹图像”。在研究中要对图像的迹象性、图像的相似性、图像的象征性着力，深度论述各种图像的性质，在不同类型图像的基础上依据某一类型图像的物质基础、构成样态和社会场域具体而详尽地分析图像的根本属性。

图像与现实的关系讨论是图像学研究必须面对的，要研究图像受众的感知、图像的真实和现实。其中，对图像与现实的类比、图像的类似性迹象的议题需要从历史和现实的角度双重介入，甚至要深入图像视觉图式的内部进行探析，以界定图像的现实和现实主义的图像，研究图像、人、现实三者之间的复合、复杂的呈现和感知关系。

图像是人为之物，是一物作用于一物后的留存，但图像更是一种独立的客观存在，图像是一种时间与空间的关系类型。

在对待图像与空间的研究上，可以从人对空间的感知开始，进而探讨投影与透视、表面与深度、场景与空间的问题，需要研究空间的信任及信任的空间问题。

在对待图像与时间的研究上，首先要厘清生活时间和图像时间问题，对图像的综合性时间、图像的隐性时间和图像的瞬间、时间性图像进行自然科学的理性论证和人文科学的感性描绘。

我们通过其他学科的知识已经阐明，视觉图像是一种社会化符码的组构。它表现出一定的主题，主题又是由视觉主体承载的，而视觉主体又是由视觉元素，甚至是一种视觉符号 / 造型符号构成的，如图 51 所示。因此，图像与主题、图像与构成、图像与符号等研究内容应该更多侧重于专业图像学的研究，重点剖析图像的能指和建构图像“意义”的文本形态。

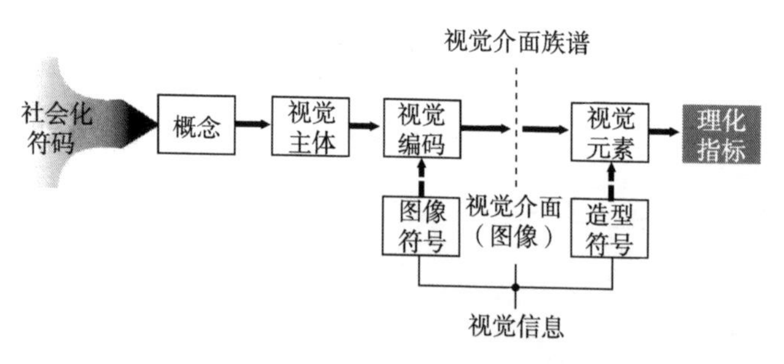

图 51　社会—图像—元素示意图

图像是视觉事物（the visual），它构成了“意义”（meaning）的文本，解读图像也是发现意义的过程。人们对于图像有太多的阐释话语，需要有规模控制的专业性论述，而不要无节制地青睐“直播”。图像是一种传播文本，也是一种艺术样式或者说是视觉艺术的主要样式。因此，对于像“图像与话语”“图像与艺术”“图像与意义”这样的议题更需要专业性探讨，在理论上宏观描绘出图像学的学科特征，在内容上强化其学理内涵，如图 52 所示。

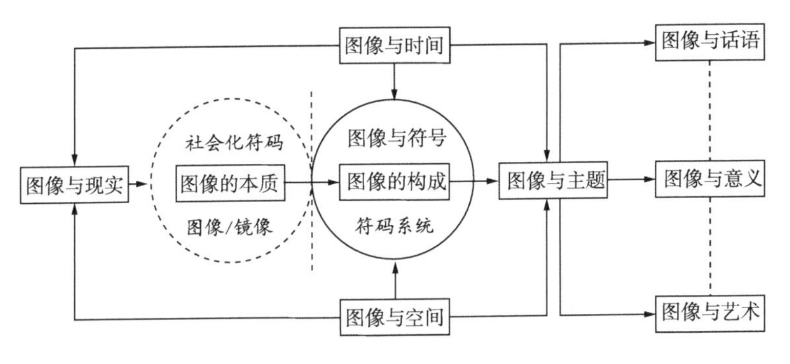

图 52　研究内容简示图

就目前图像学的发展情况来看，它可以在三个研究方向上有所作为。

一是普通图像学研究。这类研究具有哲学性质，旨在建立一个理论对象并提出有关完全形式化的总体模式。它研究图像定义本身、结构及动力等。

二是专业图像学研究。它研究图像语言的结构，包括构成、组织、造型符号、图像符号、意思、句法、语义学及实用主义哲学。主要研究理论化、概念化的观点；特殊的图像系统，如视觉符号、电影画面、电视图像、摄影构图、绘画技法、录像技法等。

三是应用图像学研究。它是一种研究模式，其严格性建立于图像学手段的应用基础上，而这些手段所假定的社会化一致性与未经验证的或是太多偶然的阐释是相对的。

 现代图像的特征

现代图像指的是人们运用物理、化学、电子等原理，用现代机械工具制作出来的技术性图像，我们称之为机具性图像。与传统的手工绘制的图像原理不同，它虽然也是经过人工之手，但它是人们使用机械、电子等设备“生产”出来的，其最大特点是图像的可复制性（copy）。与传统相比，它较为现代；与手工相比，它是机械制造，所以现代图像也称为机械图像。因为机具技术（照相机、摄影机、摄像机等机器）与描绘（记录）的对象物之间有严格的比例关系，视觉形式相似程度很高（等比缩放），一般又将其称为影像。

一、现代图像与传统图像

传统手工绘制的图像（比如图腾、岩画等）已存在于人类社会几万年了，文字的出现也不过几千年的历史，与传统图像相比，文章在传统形态上还很年轻。机具图像出现在文

章之后，从时间上来讲，应该从1839年摄影术的发明肇始。摄影之后出现的电影、电视、计算机等机具制造出的图像，都应称为机具图像或影像，其中包括数字图像。为了与传统图像对应，我们将由机具制造的影像称为现代图像。

1. 问题的提出

有人认为影像——机具图像的出现得益于科学技术的进步，而科学技术的进步来源于科学研究，有了科学研究，有了科学研究的文章（思想呈现方式），才能有机具图像的产生。这也是维兰·傅拉瑟称机具图像为“技术性图像”（technical image）的原因。[①] 但笔者不敢完全同意这种观点，因为我们知道“技术”其实一直伴随着人类的文明演进过程。劳动创造了人，人在劳动的时候熟练地掌握劳动技能就是一种技术（如多次以同一组织形态狩猎、用削尖的木棍叉鱼、使用矿物质颜料作画、用相同音节和音高歌唱等），出自石器时代人工之手的传统图像也应当承认它是一门技术。

实际上，图像始终存在于两种因素（媒体和再现物）的

① 维兰·傅拉瑟《摄影的哲学思考》一书中认为技术性图像是由机具（apparatus）制造出来的，按照他的说法，在摄影术发明之前由人们手工绘制的图像就不能称为技术性图像。其实不然，技术是伴随着人类物质文明而一起存在的，现代意义下的技术是指由现代科学指导而产生的生产技术。

紧张作用之中，离开两者中的任何一个，图像便不存在。甚至在一幅艺术价值极高的画作中，“技术”也往往超出“艺术”而享有一种神奇的价值，高品质表现并不是归功于他们的艺术基础，而是由于画家对技术的掌握能力。一切艺术都有物理的部分。[①] 只不过与传统图像——手工绘画相比，机具图像（影像）最具有决定性的是：影像作者与其技术之间的关系。对摄影师而言，每一位观众都是新兴崛起的社会阶层的一员；对观众而言，摄影师代表了新兴学派的技术师。瑞赫特（Camille Recht）曾有过一个绝妙的比喻：“小提琴家必须自己创造音调，要像闪电一般快速地找出音调，而钢琴家只要敲按琴键，音就响了。画家和摄影家都有一项工具可使用：画家的素描调色，对应的是小提琴家的塑音；摄影家则像钢琴家，同是采用一种受制于限定法则的机器，而小提琴并不受此限。没有一位如帕德鲁斯基（Paderewski）的钢琴家能享有小提琴家帕格尼尼（Paganini）同等的声誉，亦不能如后者展现出几近传奇的魔术技艺。”[②]

在可复制的机具图像（现代图像）发明之前，不可复制

① 转引自〔德〕瓦尔特·本雅明著，许绮玲译：《迎向灵光消逝的年代》，台北：台湾摄影工作室，1998 年，第 58 页。

② 转引自〔德〕瓦尔特·本雅明著，许绮玲译：《迎向灵光消逝的年代》，第 32—33 页。

的手工图像（传统图像）更具有深刻的技术性决定因素。因此，加以区别地将照相机、电影机、摄像机、计算机等机器制作的可供复制的图像称为技术性图像，并与传统手工绘制的图像对立是十分不妥的。当然，将其称为机具图像也不太确切。不过为了方便讨论问题，我们将这种具有可供复制性的独有特征的图像称为机具图像，这要比技术性图像称谓更接近于讨论问题的核心。为了与传统图像对比，我们又将机具图像称为现代图像。

2. 抽象的结果

从文化形态来看，传统图像大约发生在几十万年前，接着在距今 5000 年左右的时候文字开始出现，在文字出现数千年后的 19 世纪才出现今天常见的机具图像。传统图像是第一阶段的抽象化，因为传统图像是从真实的外部世界抽绎出来的，现代（机具）图像是第三阶段的抽象化，机具图像是从文章抽绎出来的。再回过头来看文章，文章应是图像从真实外部世界被抽绎后，再一次被抽象化的结果，如表 3 所示。

今天人们在阅读机具图像（比如看电影、看电视、看新闻照片）时，实际上并没有把它们看成抽象化（甚或概念化）的东西，而仍将它们看成是第一阶段的东西。所以，往

表3　抽象的三个阶段

阶段	图像类型	类型	图像来源
第一阶段	传统图像	现象（抽象）	从真实的外部世界抽绎出来
第二阶段	文章（解释性图像）	概念化	从真实的外部世界抽绎后再次被抽象化
第三阶段	现代图像（机具图像）	抽象化	从文章抽绎出来

往图像的功能就不太容易突显出来。造成的结果是：摄影作品表现得比较清楚；电影作品表现得比较含蓄；而电视作品表现得很直白；数字影像表现得很随意，它们呈现出一种后现代的样式，即破碎的、分离的、概念化的线性能力。

电视图像显现出的文本意义和电视本位上的、技术上的意义是不一样的。这是电视所传递给人们的它本身的信息——电视说谎。电视在对我们的社会进行解构的同时也在建构。为了在两者之间寻求平衡，需要寻求一种批判性。

我们说传统图像是从真实的外部世界抽绎出来的，并不是说它就是完全对生活的“写实”。因为任何现实主义都是相对的，随着文化环境的不同而不同。每个社会、每个时期、每个人都会用自己的概念来解释世界。传统图像是一项手工操作技术，无法达到数学上的精确度，每位作者都有其对现实生活的“写实”尺度。所以，对这样的图像作品（更多地称之为艺术品）要确定我们的观看态度：①重要的不是题材，而是某一特定绘画中处理题材的方式（风格、传统）；②艺术品不等于从一扇透明窗子看到的外部世界的景象，而是一种独特的人类观看世界的方式（是无数方式中的一种）；③艺术品不仅仅是把物体呈现出来，而是对它的一种“评论”；④我们对艺术品的反应不等于我们对艺术品所描绘的事物的反应，它有自己独有的特征，这些特征最集中表现于这件事物被描绘的方式；⑤对艺术品的组织和构造不同于题材本身的组织结构；⑥艺术批评不受审美之外的现实法则的制约，它有自己的原则，有时甚至于现实生活中适用的标准相矛盾；⑦艺术家总是把自己个人的观点和立场带给艺术品；⑧对现实的描绘不是按照它本身的样子进行。①

所以，传统图像对现实生活是一种抽绎，画面上是现实生活的现象（作者所看到的和想看到的），不是机具图像的物理学意义上的记录。正如布洛克所说：在绘画与现实之间，有一种视觉上的相互一致或关系，这种一致是语言与现实之间没有的。语言再现几乎完全是惯例性的，艺术再现则只有一部分依照惯例。但是，正由于绘画再现有一部分是惯例性的，所以我们永远也找不到一幅对现实世界能够

---

①〔美〕H.G. 布洛克著，滕守尧译：《现代艺术哲学》，成都：四川人民出版社，1998 年，第 46 页。

完全客观再现的绘画。机具图像（影像）与现实之间的一致性要比传统图像强得多，不过，不同焦距镜头的使用又使这种一致性遭受到颠覆性的破坏，这种似是而非的一致性反而使对现实客观再现的可能性变得更加可疑。

3. 现代图像的位置

从阅读的角度来讲，现代图像的位置包含两层意思：一是指它的空间位置；一是指它的时间位置。维兰·傅拉瑟将历史上的传统图像称为“史前的”（pre-historical），技术性的机具图像称为“史后的”（post-historical）。[①] 实际上，解读现代图像就意味着阅读它们的时空位置。

所谓现代图像的位置主要是指它的时间位置。从现实世界到图像，这当中有一个抽象化的过程（对现实世界进行抽象化），如图 53 所示。

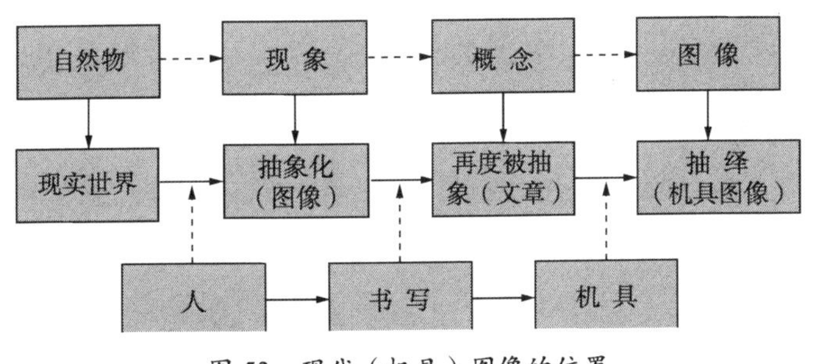

图 53　现代（机具）图像的位置

①〔捷克〕维兰·傅拉瑟著，李文吉译：《摄影的哲学思考》，台北：远流出版事业股份有限公司，1994 年，第 35 页。

看过图 53 之后，人们不禁要问：为什么人们今天看照片、看电影、看电视会觉得它们是现实世界呢？为什么不觉得它是被剥离而概念化的产物呢？实际上，在我们并未通过电视、电影、摄影的画面图解什么时，图像的制作者已经赋予视觉图像意义了。当然，理想的情况应该是图像制作者只给出视觉元素及视觉元素的构成条件，让图像的受众在视界的另一边（心理）解析出真正的意义，图像制作者给阅读者提供一个想象的空间就可以了。

在受众对图像进行“阅读”的过程中，其实概念已经被偷换了。因为传统图像是现象，现代的图像是概念。这一点可能不大容易被理解，那么下面就让我们来看看佛教造像的例子。

佛教作为世界三大宗教之一，信仰它的人很多。佛教在起源、传承、发展的阶段都是由图像而确定的。今天，很多善男信女步入佛寺，对着顶礼膜拜之佛教诸尊图像，大多不知道它们的名称和特征，更难知道其出典，就连佛祖释迦牟尼[①] 的尊容有时也难以分清，而主要是依持寺庙的供奉位置

---

① 释迦牟尼，梵名 Sākya-muni，巴利名 Sakya-muni。意即释迦族出生之圣人，是佛教之教主。为北印度迦毗罗卫城（梵文 Kapila-vastu）净饭王（梵文 Suddho-dana）三太子。该城在今尼泊尔南部提罗里克（梵文 Tilori-kot）附近，拉布提河（Rapti）东北。国土面积 320 方里，为憍萨罗国（梵文 Kosalā）之属国。参见弘学编著：《佛教图像说》，成都：巴蜀书社，1999 年，第 47 页。

来确定。实际上，佛之造像是有其严格规定的。“佛教诸尊之形态，并非依据制作者之自由意志，而采以一定规则为基础而造成。此一规则之基本，即是经典与仪轨，显教亦然。所谓仪轨，即是密教经典所说之念诵佛菩萨与天部等之供养仪式与轨则：将此类仪式与轨则以图式解说，通称仪轨。”[①]佛教图像的制作源于印度工匠的智慧和技能，逐渐盛起于中国、尼泊尔、日本等国。日本早已将佛学图像作为一门专门的学科。据说，佛之造像的最初依据是释迦牟尼的弟子富楼那所绘的释迦牟尼 41 岁时的画像，如图 54 所示。

图 54　释迦牟尼 41 岁时的画像（富楼那绘，现藏于英国帝室博物馆）

由此可见传统图像与人们精神生活之间的关系。所以说传统图像更多是一种现象的、精神的反映。图像这种魔术般的功能使画面充满着魔术般的魅力。

二、现代图像的社会特征

现代图像的特征有些和传统图像极为相似，有些显露出

---

① 弘学编著：《佛教图像说》，第 3 页。

它们独有的征候。两者明显的差异还好理解，相似的特征往往容易被忽略，相近的特征又往往容易被混淆。这里所列举的特征是相对于传统图像而言的。

1. 现象与意义共生

有人曾对机具图像的摄影影像感叹道：摄影难，难就难在它太容易了。这个感叹对整个机具图像（电视、电影等）来讲都是真实的。因为机具图像是显性的，对一般受众来说是不需要费劲解读的，一看就知，无论是自然的或非自然的。当然，这是从对它的表象阅读来说。而从意义的层面来讲，机具图像与传统图像相比，机具图像反而比传统图像更难以理解，或者说它不如传统图像那么好理解。

机具图像为什么难以理解呢？答案应该从它的特征上去找：机具图像的最大特征就是现象与意义共存。当人们看到现象后，就会把它当成生活情景去看待、去解读。实质上，机具图像不是现实世界的“再生”，而是现实世界的“转形”[①]，“转形”使图像获得了意义，电影《大红灯笼高高挂》和《大腕》就是典型的案例。

按维兰·傅拉瑟的观点解释，机具图像的意义似乎（“似乎”一词很有意思，也很难解释清楚）能自动浮现到图

① 韩丛耀：《摄影论》，北京：解放军出版社，1997年，第276—277页。

像的表面，就像人的指纹一样，意义（手指）是因，图像（指纹）是果。机具图像凸显出意义的世界，似乎就是图像的因，图像本身是一条因果链，是联结图像与图像意义的链条的最后一环——现象和意义在机具图像面前终结了。因现实物像的光影和镜头前的物体都会以光波的形式被机械（照相机、摄影机、摄像机、扫描仪等）捕获在一个感光平面上（胶片、感光纸、磁带、CCD 等光敏材料），然后通过物理、化学或电子的手段将感光材料上记录的影像呈现出来，我们就得到了一个机具图像。因此，图像似乎和图像的意义存在于同一个真实层面上。“似乎人在看技术性图像时所看见的东西，不是需要解读的符号（symbols），而是图像所指陈的世界的征兆（symptoms），而且我们透过图像看出这种意义，不管这过程是多么间接。”①

2. 非符号化与物质性共存

由于图像的意义和现象同存在于一个真实的平面上，所以当人们在阅读机具图像时，是不需要调用多少文化知识和经验背景进行解析的，机具图像是直观画面形象，不是符号。由于它有这种明显的非符号性，所以具有“客观的”“实体的”（objective）特性。这样一来，图像的受众在观看它

①〔捷克〕维兰·傅拉瑟，李文吉译：《摄影的哲学思考》，第 36 页。

时，不是把它当作真正的图像，而是把它当作一扇开向世界的窗户。人们如此地信任图像，就像相信自己的眼睛一样，这一切都是由图像的物质特性造成的。从有关图像的任何评论中，我们可以发现，评论的根本不是图像本身，而是其视野（vision），也就是说评论与图像成品无关，而是“透过图像所看到”的世界。比如现在的一些电影评论、电视评论，它们极少或根本不涉及影片本身，有些评论者甚至不懂得他所评论的图像的媒材特性，就他眼睛所看到的加上想象演绎一番，或使用语言（文章）结构涂抹一气。其结果是，有关现代图像（电影的、电视的、摄影的等）的评论一篇一篇发表，著作一部一部出版，但就是没有涉及图像的存在。

对机具图像缺少本体的这种批判态度实际上是极其危险的。之所以说这种态度是危险的，是说我们认为现代图像的物质特性就是它的本质上的“客观性”（objectivity），其实这是一种错觉。“它们事实上是图像，在作为图像本位上，它们具有象征意义。事实上，它们甚至是比传统图像有更大程度的抽象化象征性的复合体（complex）。它们是在文章之后设立的符码……它们所针对的是文章，至于对‘外在世界’的指陈则是间接的。”[1] 它的起源“得利于一种新类型的想象

①〔捷克〕维兰·傅拉瑟，李文吉译：《摄影的哲学思考》，第 36 页。

力：转译文章的概念为图像的能力。”[①] 人们在观看这些图像时所看到的是与外部世界有关的，但却是经过全新转译的概念，如图 55 所示。

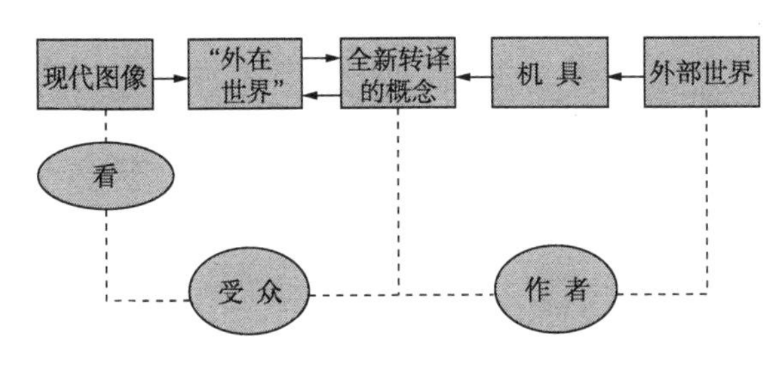

图 55　从受众角度看图像制作

维兰·傅拉瑟曾经讨论过传统图像与现代图像的符号及符码特征。他指出，对于传统图像而言，人们容易明白他们所面对的是画家苦心经营的各种符号。画家其实就置身于符号与象征意义之间，画家要想表达给受众什么样的意义，他就要选择相应的符号去使用。实际生活中的情形是，画家已经“在他的脑中”详细经营图像符号，并通过他的颜料和画笔，在平面（画布、墙壁、岩石等）上转换那些符号，人们如果想解读这样的符号，就必须将发生在画家脑海中的编码程序加以解码，如图 56、图 57 所示。

①〔捷克〕维兰·傅拉瑟，李文吉译：《摄影的哲学思考》，第 36 页。

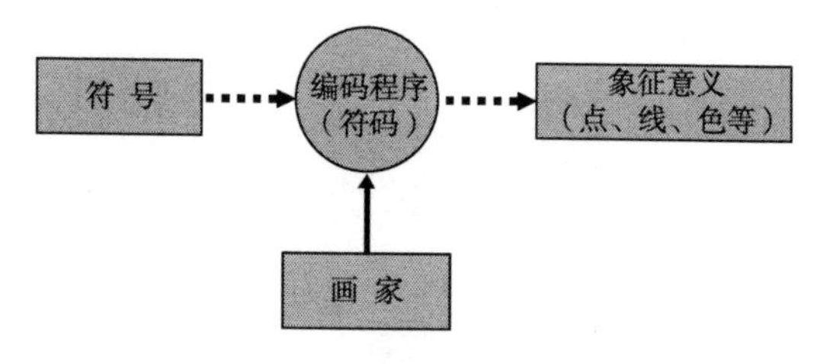

图 56　传统（手绘）图像示意

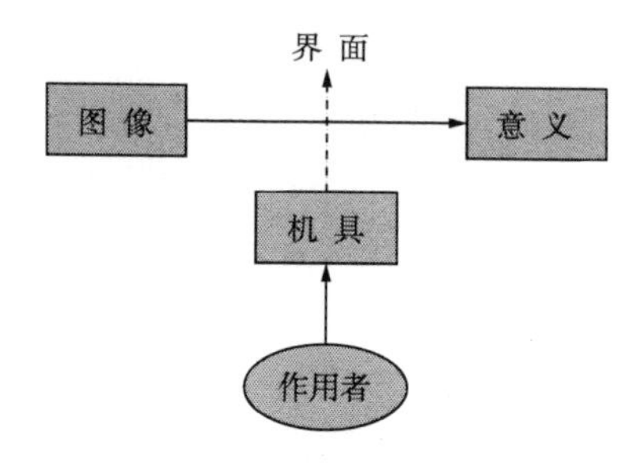

图 57　现代（机具）图像示意

现代图像的解码系统很复杂，不像传统图像那么简单。对于传统图像来讲，作者（画家）置于符号与意义之间；对于现代图像来讲，作者介于图像和意义之间，这个作者可能是摄影师，可能是电脑操作员，总之是成像机器的使用者，傅拉瑟称之为“机具操作者”（apparatus-operator），他似乎没有中断图像和意义之间的连锁。关键是“似乎”（seem）这个字眼。相反地，意义似乎从（输入端）一侧流入这项因素，而且从（输出端）一侧流出，如图 58 所示。

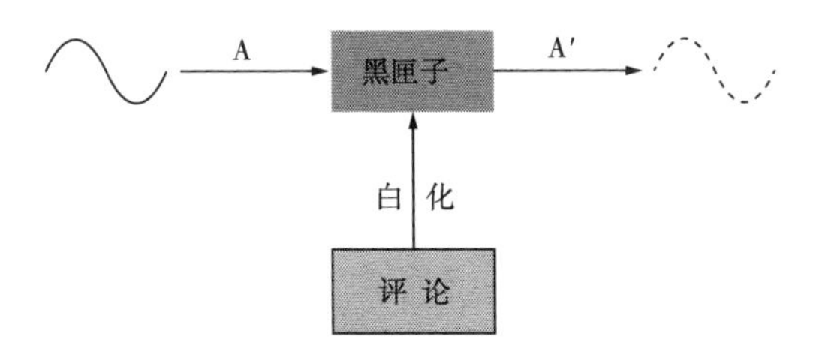

图 58　黑匣子的“白化”示意

在这项因素（机器操作者）作用的过程中，仍维持隐晦状态，这项因素仍是个黑匣子。机具图像的编码过程在这种黑匣子中发生，所以图像的评论文章（摄影的、电影的、电视的等）必须专注使黑匣子的内部“白化”（whitening）。只要我们的理论研究文章无法做到“白化”，我们将一直是这种图像的文盲。问题是，现在这类有知识无文化的图像文盲越来越多。

3. 现代图像的复制性

现代图像与传统图像比起来，最根本的区别就是它的可复制性。当然，“原则上，艺术作品向来都能复制”①。为了对机械时代艺术作品的复制问题进行深入的研究，瓦尔特·本雅明专门写了一篇 *L'oeuvre D'art à L'époque De Sa Reproduct Ibilité Technique*（中译为：《机械复制时代

①〔德〕瓦尔特·本雅明，许绮玲译：《迎向灵光消逝的年代》，第 60 页。

的艺术作品》）的文章。机具图像具有的这种复制其他作品以及复制自身的能力是它的本质特征，也是它与传统图像的本质区别。

机械的复制能力表现在：一是它对机器镜头前面的“物理空间”景物照单全收，记录在感光材料上，（摄影底片、电影胶片、电视录像带、数字芯片等）得到一“物理空间”的复制影像；二是对感光材料上的“影像”进行相似性的处理。[①] 这样一来，同一地点拍摄同一景物及重复洗印（输出）等进行相似性处理即可得到同一影像，这是自摄影术发明以后人们掌握的最具本质性的复制能力。它推翻了原作与复制品之间区别的可能性，直接影响到艺术领域，甚至社会文化消费领域。

机械在复制图像时，不仅瓦解了原作的单一性，而且建构起新的“形象”。机械的复制能力和建构新形象的能力也是它区别于其他任何艺术形式的本质特征。现代图像的这种复制能力带给这个时代、这个社会的最大冲击是：①艺术品的非真实化；②事物的非真实化；③复制图像对社会和世界的非真实化。

瓦尔特·本雅明说过：“一件事物的真实性是指其一切

① 韩丛耀：《摄影论》，第 276 页。

所包含而原本可逆转的成分，从物质方面的时间历程到它的历史见证力都属之。而就是因这见证性本身奠基于其时间历程，就复制品的情况看，第一点——时间——已非人可掌握，而第二点——事物的历史见证——也必然受到动摇。不容置疑的，如此动摇的，就是事物的威信或权威性。”①

三、现代图像的意义

虽然现代图像呈现出明显的非符号化的特征，但它仍是图像而不是现实世界，这一点应当是确凿无疑的。问题是，人们并不把它看成是真正的图像，而是把它看成一扇指陈现实世界的窗户，人们透过图像这个窗口看到的是世界的意义，不管这个过程有多么地间接，这也符合图像的特点。

1. 意义的范畴

布洛克曾讨论过意义的问题。意义在普通英语中除了指语句和句子的含义外，还包含着其他各种不同的意思。具有直接关系的就是指某种目的和意图，如“我的意思是，能够帮助他就尽量帮助他”“你这是什么意思？”“我意在把它当作一个脚凳”，等等。有时又指事物之间的相互关系，如“这一议案的通过意味着二等公民的消失”“乌云意味着就要

①〔德〕瓦尔特·本雅明著，许绮玲译：《迎向灵光消逝的年代》，第 63 页。

下雨”“嗡嗡声意味着有蜜蜂，有蜜蜂就意味着有蜂蜜”“小的东西意味着多”，等等。当然，除了以上列举的这些语言的意义之外，至少还存在三类意义：①目的性意义；②相互关系意义；③类别意义。[①]

机具图像所呈现给我们的，是将影像和意义一同推置在一个平面上，两者并存。人们会觉得机具图像首先呈现的是解读的意义，而实际上图像是没有意义的，图像就是图像，意义是图像观众所赋予的和图像本身指陈的。人们将现代图像或称之为影像，是有一种崇拜的心理的。人们确信自己的眼睛，看到图像就如同看到了现实世界。受众赋予图像的意义我们比较好理解，但图像能够指陈意义好像不太好理解。实际上这就是图像的结构性寓言。例如，有人在拍摄纪录片之前，想法非常多、非常好，对图像要表现的意义也有深刻的领悟，但拍出来的成品片却未必能够达到预想的意义陈述。那么，为何会出现这样的结果？很重要的一个原因，就是他对图像的结构能力不强，导致手法拙劣、技术运用不当、技巧表现不高明，其后期画面的目的结构性当然不能指陈更深、更广的意义出来。陈凯歌的《黄土地》、张艺谋的《大红灯笼高高挂》画面的指陈能力就特别强，形式也成为

①〔美〕H.G. 布洛克，滕守尧译：《现代艺术哲学》，第 270 页。

内容的一部分，甚至形式就是图像的技术性语言。对于受众来讲，技术性语言的画面形式，就是一种文本的复合体，如图 59 所示。

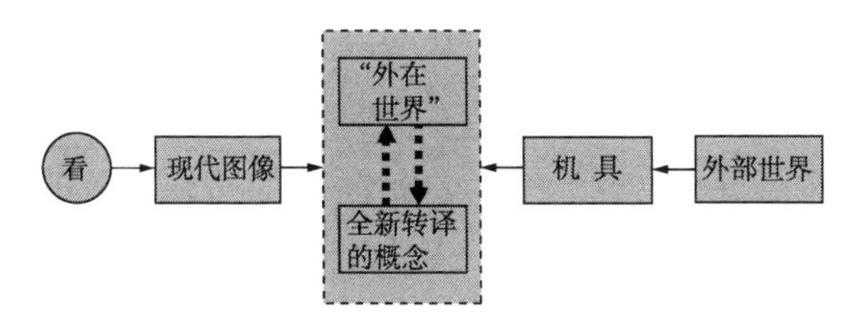

图 59　图像与概念的复合示意

2. 技术性语言

现代图像能否有效地传播，能否产生预设的意义效果，很多时候取决于它的技术性语言的应用。这里所说的技术性语言有三层含义：①图像文本；②画面上的张力；③画面上的审美颗粒度。

图像的文本即图像所纳入的内容（人和事）。对于图像所要表现的内容，图像作者要根据所要达到的意义效果而定，比如要表现“希望工程”对于贫困地区失学儿童的意义，选用纪实性的图像也许更符合要求，因此新闻记者解海龙拍摄的《我要上学》黑白纪实图片就将这一重大的意义诠释得很明白，如图 60 所示，图像的文本对于图像的意义起到了很好的承载作用。如果使用人工手绘的宣传画，那么图像意义的彰显可能就要大打折扣了。

图 60 《我要上学》(解海龙摄)

画面的张力，也被人们称为视觉的冲击力。图像是用眼睛观看的，画面的构成要符合人的视觉思维习惯，并在色彩、影调、线条等视觉元素上形成有视觉力量的画面，总体形成一种张力。不能太直白，也不能太晦涩，要恰到好处地处理这些视觉物理元素，使其在视觉界面的另一侧唤起受众的心理感知，并形成一种冲击心灵的力量。

所谓颗粒性问题，就是对类美物能否分析以及如何分析的问题。这里所说的类美物是指由颗粒性的几种审美形态所构成的审美对象物。任何审美对象都不是由一种而是由几种审美形态合成的。单独一种纯美形态是不能存在的。“落日熔金”说的是落日里面有金子的光辉，但只有金子的光辉便不称其为落日了；再如“绿肥红瘦”也是这样，如果只有红与绿的颜色，花与叶及其对比引发的感伤也就不存在了。审美颗粒度的问题，就是对画面的一种总体的品位把握的问题。因为图像作品的审美效果比较直观，所以更应该注意这个问题。

3. 图像的迷思

在上面的讨论中我们多次强调过现代机具图像（影像）不是现实世界，也不是可以看到现实世界的窗户，图像只是图像。也就是说，它们将一切事物翻译成情境，和所有图像一样，散发迷思以引诱其观察者将这个未经解读的迷思投射到“外在”世界。现代机具图像具有至今令人不能明白的一种力量，这种力量被维兰·傅拉瑟称为“迷思”。

维兰·傅拉瑟对现代图像的迷思有过深入的探讨，他认为现代图像的这种迷思随处可见：它们如何赋予生命迷思，我们如何变成它们的作用之一而体验、知道、评估一切事情。因此，追问这其中牵涉到什么样的迷思，是极其重要的功课。

维兰·傅拉瑟认为，现代图像散发的迷思和传统图像所散发的迷思不是同一类型，从电视荧屏或电影银幕发出来的魔幻情境，不同于我们观看洞穴画（岩画）或伊特鲁斯坎填墓（Etruscan Graves）壁画时体验到的迷思。电视和电影，相对于洞穴或伊特鲁斯坎填墓，是存在于不同层面的真实世界。比较古老的迷思是历史之前的，也在历史意识之先；比较新的迷思是历史之后的，也继承了历史意识。古老巫术的目的在于改变世界；新巫术的目的在于改变我们对“外在”世界的概念。所以，我们所面对的议题是第二层次的迷思和一种抽象的巫术。他认为古老巫术和新巫术形式之间的差异，可以这样表示：史前迷思是称之为“神话”（myths）的模型（models）的一种仪式化，而现在迷思则是称之为“程式”（programs）模型之仪式化。神话是一位身份为“神”（god）的作家口头传送出的模型，神是置身在传播过程之外的某某人。程式是由身份为“作用者”（functionnaires）的作家以书面传送的模型，“作用者”是置身于传播过程中的人。[1]

4. 图像的关系式

为了更好地理解现代机具图像，得到它与观看者和现实世界的关系，我们不妨将这种关系用图 61 的形式呈现出来。

现代（机具）图像都能在我们的视野内被看到，但我们看到的远不是这些影像，我们还会看到现实的世界，影像只是指陈世界的一个窗户，而不是现实世界，它能反映的也只是现实世界的一部分。在现实世界和机具图像之间造成紧张

①〔捷克〕维兰·傅拉瑟著，李文吉译：《摄影的哲学思考》，第 37—38 页。

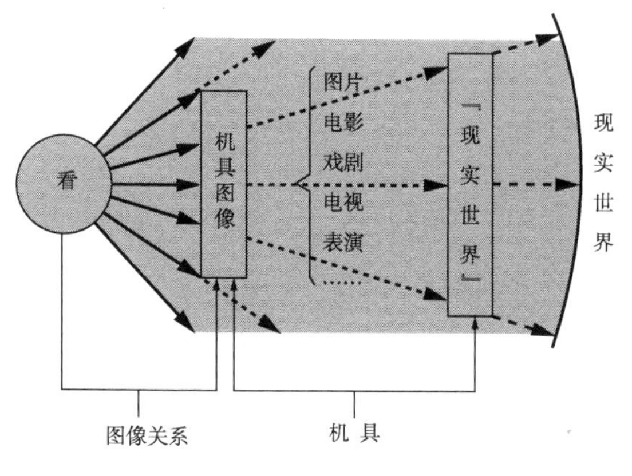

图 61　图像的关系式

关系的是机具。作者“似乎”在其中（如摄影师、摄像师等使用机器进行图像结构的人）。在“看”与“图像”之间形成了一种微妙的图像关系式。图像横亘在人与世界之间。当然，在具体结构图像之前，要确定图像在两者之间的尺度，要么技术画面明显，要么自然呈现强烈。这取决于今后的机具图像是为了指陈还是为了象征。

四、现代图像的功能

通过以上的讨论后，我们可以知道：①现代图像就是一种机具图像，它与外部世界无关；②现代图像比传统图像具有更大意义上的抽象化和象征性（它应是抽象化和象征性的复合体，而不是综合体）；③现代图像是文章之后所设立的符号，它所针对的始终是文章；④现代图像能够指陈或象征这个世界，为我们提供一种新的想象力，即转译文章的概念为图像的能力。

现代图像的功能就在于借助于第二层次想象力取代概念化，解除图像受众对概念性思考的需要。图像将以自身取代文章。

1. 线性书写与现代图像

维兰·傅拉瑟认为，公元两千多年前发明的线性文章是为了破解传统图像的迷思，虽然文章的发明者可能没有意识到这个作用。摄影术这项最早的技术性图像制作程序，是19世纪中期的发明，摄影术的发明和线性书写的发明都是具有决定性的历史转折点。有了文字书写术后，历史上开启了对抗偶像崇拜的斗争。同样地，使用摄影术之后，“后历史（post-history）时代”与文章崇拜的斗争就此开始了。文章本来的目的是为了对抗和消除崇拜，破除图像的迷思性，让更多的人能够读懂图像，可是到后来文章的迷思性越来越大，结果形成了现在的文章崇拜（学术界以发表学术论文的多寡论英雄就充分说明文章崇拜的盛行）。发明了摄影术（尤其是电影、电视、数字影像媒体的出现）之后，它们本意是来破除文章崇拜，可现在这种现代图像的能力越来越强大，虽然它也赋予了文章一种图像上的含义，但其自身也显露出它的现代隐涩的迷思。

在欧洲大地上，黑暗的中世纪结束之后，人们掀起了一场文艺复兴运动，在这场旷日持久的大运动中，人们的思想得到了一次大的解放，社会生产力得到极大的提高，科学、技术得到了真正的发展，到了19世纪，已达到辉煌的顶点。如印刷术的广泛使用和摄影术的发明；铁路、电力的发明与使用；国民义务教育的实施；等等。总之，工业革命带给人们极大的福利。维兰·傅拉瑟认为，当每个人都掌握了书写这个工具时，必然会导致一种普及化的历史知识的形成，文章本身就是构建历史知识的，这种历史意识就能够魔术般地渗透到当时的农业社会当中去，占有人口绝大多数的农民在历史中占了一席之地，并且成了一个阶层——无产阶级。它之所以能成为一个阶级，与当时的许多大众化文章有关，这里的所谓大众是相对于贵族而言，大众的文章如书本、报纸、小册子等。每一种大众化文章必然会制造出大众的历史意识和同样大众的概念性思考，其结果是产生了两相背离的发展结果。一是传统图像逃避文章的泛滥而进入了美术馆、艺术沙龙、画廊等精英区域，它躲避了一般大众对它的解读，当然，它从此也失去了对大众日常生活的影响；二是出现了精英的文章，这些文章是大众的概念性思考文章力所不逮的。大众文章是一一对应的，有什么事说什么事，如现在报纸上的文章大多如此，但精英们的文章就不同了，它是属于某些专家精英阶层所发表的和所喜爱的。正如当前情况，大众所喜欢的文章作者，往往是被学术界忽视的；而所谓学术界专家的文章受众面又非常窄，往往越是一流期刊、核心期刊，受众的面越窄。当然，精英（专家、学者）们都了解自己的利益（学术）所在，他们利用文章、利用阵地名正言顺地剥夺大众的利益，往往制定更有利于小团体而又能有所谓学术说辞的游戏（选稿标准）规则。这些游戏规则是不能被大多数人轻易掌握的，一旦入规之后，开始对规则进行封闭式运行，而使规则处于隐蔽状态，越不让别人认知，好像越有其“学术价值”。

2. 文明的方式

当传统的图像逃离大众，精英的文章疏离大众，大众也明确拒绝贵族的思考概念和贵族化的行为之后，社会文明被分裂成为三种方式。

（1）美术（fine arts）。美术，是被概念丰富化的传统图像所滋养的艺术。过去是这样，现在仍是这样，随着现代图像的泛滥，这种美术的样式也在改变，并且概念化越来越强。

（2）科学和技术。科学和技术是由精英们的文章所滋养着的。科学和技术有着紧密的血缘关系，但两者又是有着本质区别的。科技既不是科学也不是技术，只是一个称呼而已。

（3）大众。大众就是被那些普及的文章所滋养出来的。没有普及文章就没有大众文明。要想提高全民族的素质，必须使用大众的手段和方式，而不是去普及什么高雅艺术。从某种意义上来讲，艺术应该是大众的。

现代机具图像的发明，是为了防止文明由三条缝线部位分崩离析，它的用意是作为整个社会都适用的一种通码，这也是现代图像的真正功用之所在。

现代图像原本的用意是：①重新将图像引介到日常生活；②将精英的文章译介成可以想象的东西；③将大众化的文章中的崇高迷思译介成视而可见的东西。[①] 它本来想为一般人可接受的价值意义的艺术、政治、科学找到一个公分母，它原本应该同时代表“真”“善”“美”（true，good，beautiful），这是具有广泛适用性的一种能够克服文明、艺术、科学和政治危机的符码。那么，现代图像做到了吗？现在看来，它部分做到了，还有很大一部分没有做到，甚至并

---

①〔捷克〕维兰·傅拉瑟著，李文吉译：《摄影的哲学思考》，第 39 页。

不按那种方式在发挥它的功能。

五、现代图像的复制

人类进入工业社会之后，才会产生机具图像，机具图像原本是要寻找艺术、政治、科学的公分母，以期稳定社会，但令人想象不到的是，机具图像的可复制特点，使得它要寻找的这种公分母越来越大。

1. 原因分析

为什么机具图像的可复制性特点，会造成艺术、政治、科学的文明公分母越来越大呢？分析起来，可能有以下几方面原因。

（1）它并没有把传统图像重新引介到日常生活，换句话说，它们无力引介传统图像，它们仅能以复制品来取代传统图像，这就等于说，它是把自身放置在传统图像的位置上的。

（2）它没有将精英们的文章译介成图像，也就是说，机具图像解读的文章更为直观和直接，它们甚至曲解隐士型文章而将科学性质的命题与方程式翻译成情境，也就是说，它将科学性质的命题与方程式完全翻译成图像。

（3）它没有将大众化文章中与生俱来的微弱迷思译介成

视而可见的东西，与隐士般的文章相比，大众化文章中的东西还是有利于机具图像去译介的，可惜它没有呈现好，反而以一种新的迷思形式来取代大众化文章中少有的迷思，也就是产生一种非常程式化的迷思。

现代图像至此已没有能力去建构一个足以再团结文明的公分母。相反地，它将社会的文明碾碎成了无组织的大众，导致一个大众文明的碎片。

2. 复　　制

瓦尔特·本雅明曾说过："原则上，艺术作品向来都能复制。凡是人做出来的，别人都可以再重做。"实际上，人类社会就是在一次次的复制技术、技术复制中进步和发展起来的。机具图像的复制术与它之前的复制术是有着本质上的差别的。此前人们掌握两种复制技术，即熔铸与压印模，因此，他们创造了铜器、陶器和钱币。人们掌握了木刻技术之后，素描作品得以复制。当人们一旦掌握了印刷术——一种文章复制技术，文学就出现了。当人们掌握了石版复制技术，图像艺术品就大量地流入市场。木刻、石版的出现使得只登载文章的报纸也可以登载图像新闻了。

最重要的复制社会生活内容、艺术形式的技术是摄影的发明。"摄影术发明之后，有史以来第一次人类的手不再参与图像复制的主要艺术性任务，从此这项任务是保留给盯在镜头前的眼睛来完成。”① 不但如此，有一天它会像保罗·瓦莱里所描绘的复制美景：我们会像便利地使用自来水和电一样，得到“声音影像的供应”。现在，复制图像的艺术水平和图像复制的技术能力都达到了相当高的水平。影像真的成为一种人们日常生活必需的便利供应品。

现代图像技术使得传统图像被大量地复制，这种复制作品又不依赖于原作而存在，如人像摄影、风光摄影已成为一门独立的艺术形式，更重要的是复制品可以传播到原作永远都可不能到达的地方。例如，真正进入卢浮宫看过《蒙娜丽莎》②（图 62）油画原作的人很少，但认识《蒙娜丽莎》这幅图像或者说看过它的人却很多。可是，复制品由于被展示地点的不同而产生出与原作不同甚至相反的意义。在图像复制品大量泛滥的时代，人们不要忘记瓦尔特·本雅明的提醒：

①〔德〕瓦尔特·本雅明著，许绮玲译：《迎向灵光消逝的年代》，第 61 页。

② 列奥纳多·达·芬奇所作，《蒙娜丽莎》又称《焦贡妲》，约 1503—1506 年，木板油画，尺寸为 77 厘米 ×53 厘米。所有画家、作家或理论家都为佛罗伦萨轮廓模糊派大师莱奥纳尔的高超艺术造诣所吸引：他描绘流通、润泽的空气，使大气效应神乎飘渺，让人体或物体的轮廓线条在光与影的相互作用下逐渐融化，与周围的风景融为一体。这一切都凝聚在《蒙娜丽莎》（一位披纱带孝的妇女肖像）的杰作中，也体现在朦胧背景陪衬下不朽人物描写中。参见《LOUVER》，凡尔赛：法国黎丝艺术出版社，1997 年版，第 112 页。

"荷马的时代，人们向奥林匹亚山的诸神献上表演；而今天人们为了自己而表演，自己变得很疏离陌生，陌生到可以经历自身的毁灭，竟以自身的毁灭为一等的美感享乐。"①

图 62 《蒙娜丽莎》(列奥纳多·达·芬奇在 1503—1506 年所作，木板油画，尺寸为 77 厘米 ×53 厘米，现藏于法国卢浮宫德侬馆二层第 6 展厅内)

对于科学性质的文章，一旦注入现代图像之中，就在那里被转译成符码而获得迷思特性。机具图像对近两个世纪科学的影响是非常巨大的，从不可测量的宇宙到无限小的物体，世界上所有部分似乎都在它的视野之内。现代科学似乎把它的一切都归功于图像的，虽然现代图像也把它的许多归功于科学。

①〔德〕瓦尔特·本雅明著，许绮玲译：《迎向灵光消逝的年代》，第 102 页。

当大众化文章（如报纸、小册子、小说等大众文章）洪水般地流入机具图像时，人们就会发觉它们先天就具备的意识形态和迷思能力已被转译成一种程式化的迷思，而这种迷思就是机具图像本身的独特个性（如新闻照片、电影纪录片、故事片、电视新闻、MTV、广告图片、数字合成影像等）。现代图像建构着一个永远在回旋的社会记忆，在这个往复的记忆中，人们已成为现代图像的一部分。

3. 图像作为大众文化

当我们从图像的艺术形式方面来考察图像的时候，我们常常会发现自己正局限于一系列展览空间和图书版面内。然而，图像作为一种大众文化实际上已渗透到人类社会生活的所有方面。在现代社会环境中，还没有人能够摆脱现代图像的观照。例如，摄影照片、报刊图片新闻、科学书籍的图像解说、电影故事的一遍遍引诱、电视图像的家庭化、广告图片的铺天盖地、计算机的图像界面等。日常或大众的图像采取了丰富多彩的形式渗透到我们的生活空间。当我们的文化刚刚看到现代图像的第一面，认为它是光学现实无可挑剔的视觉复制的时候，就有了扩大这种媒体的物理可能性的冲动，数字影像的日常用法更是加速了这种冲动。现代图像作为大众文化具有其自身的独特魅力，它们才常常是这种媒体发展的真正动力。

现代图像成为大众文化的还原因素是社会发展的需要。在军事、科学、司法、考古，以及生产、动力和人类关系领域，机具图像被认为是复原的决定性途径。它揭示了对下述绝对限度的真正追求：

> 在表现的精确性和直接性方面的绝对限度（被摄物与图像间视觉错觉的同一性）；
>
> 在掌握时间方面的绝对限度（永久性地记录下短暂事物）；
>
> 在绘制全球图方面的绝对限度（以图像再现“全世界”）；
>
> 作为通过图像宣传普及的结果在实现人人平等方面民主的绝对限度。[①]

现代图像如旋涡般地吸引着人们，没有人能抗拒得了，也没有人能逃脱得掉。由于图像技术发展的迅猛，图像对人类社会的影响也越来越广泛，它已渗透到人类生活的每一领域、每一部分，从天文到地理、从艺术到科学、从考古到

---

① 韩丛耀：《摄影论》，第 11 页。

工业、从宏观到微观，无所不在、无所不为。图像文化已成为一种不可或缺的社会生产力，成为人们一种创造性活动的形式。图像文化的力量是推动社会变革的工具。就全世界而言，图像以不同的方式渗入不同的文化之中，它带来了有形和无形的社会变革。

图像文化造就了一个大众的文明。

结 语

图像一词很干净，意思也简单，理解起来并不复杂，但一经专家学者们“上纲上线”地进行学术研究，图像的问题就不简单了，有能指，有所指；有明示义，有隐含义；有西方的机巧，有东方的智慧；有历史的渊薮，有现实的考量，等等。各种理论观点、研究路径、学术流派和代表性人物对图像倾注的非凡努力和学术热情让人敬佩，他们的图像学研究的学术成就和丰厚成果，拓展了后人对图像进行更加深入、精细研究的空间。

本书对图像及图像学的研究仅做一点小小的历史回顾和现实观照，既不做全面的介绍，也不深入地探讨，而是策略性选择与中国图像传播史研究正相关的内容进行浅表性的介绍。当然，更经济的想法一是考虑到本研究的现实所需；二是学术能力确实不逮。不过读者可以从国内外图像学研究的众多学术性专著和论文中进一步了解图像学的研究情况，感受图像文化在当今社会的蓬勃兴起之势。

图像文化传播研究既是一种专门化的学术研究，也是一种大众文化的基础性知识，它在当今社会中的地位不容置疑。在图像文化传播发达的今天，人们图像认知水平的高低将直接决定着人类社会物质文明、精神文明和政治文明的形态，它在科学发展、技术进步、资源配置、经济建设、文化建设、社会文明等方面起到基础性的决定作用。“图像文化传播”研究的宗旨就是通过对“图像”视觉印象的认知，穿透性地理解一个时代复杂的文化领域。

（本书是在传播学视野下对图像媒体及图像学研究进行的较为系统的综合性论述的尝试，书中的观点和论述有些已在公开出版物上零散地发表过。书中还引用了国内外许多专家、学者的研究成果，在此特表谢忱！）

参考文献

陈怀恩：《图像学——视觉艺术的意义与解释》，台北：如果出版社大雁文化事业股份有限公司，2008年。

陈兆复：《中华图像文化史·原始卷》，北京：中国摄影出版社，2017年。

韩丛耀：《摄影论》，北京：解放军出版社，1997年。

韩丛耀：《图像传播学》，台北：威士曼文化事业股份有限公司，2005年。

韩丛耀：《图像：一种后符号学的再发现》，南京：南京大学出版社，2008年。

何星亮：《中华图像文化史·图腾卷》，北京：中国摄影出版社，2017年。

李泽厚：《美的历程》，合肥：安徽文艺出版社，1994年。

邵晓峰：《中华图像文化史·宋代卷》，北京：中国摄影出版社，2016年。

武利华：《中华图像文化史·秦汉卷》，北京：中国摄影出版社，2016年。

徐小蛮，王福康：《中国古代插图史》，上海：上海古籍出版社，2007年。

杨治良：《实验心理学》，杭州：浙江教育出版社，1998年。

余秋雨：《艺术创造工程》，台北：允晨文化实业股份有限公司，2000年。

姚义斌：《中华图像文化史·魏晋南北朝卷》，北京：中国摄影出版社，2016年。

于向东：《中华图像文化史·佛教图像卷》，北京：中国摄影出版社，2017年。

郑岩、汪悦进：《庵上坊——口述、文字和图像》，北京：生活·读书·新知三联书店，2008年。

张翀：《中华图像文化史·先秦卷》，北京：中国摄影出版社，2016年。

〔比〕J. M. 布洛克曼著，李幼蒸译：《结构主义：莫斯科—布拉格—巴黎》，北京：商务印书馆，1980年。

〔德〕莱辛著，朱光潜译：《拉奥孔》，北京：人民文学出版社，1979年。

〔德〕瓦尔特·本雅明著，许绮玲译：《迎向灵光消逝的年代》，台北：台湾摄影工作室，1998年。

〔加〕戴维·克劳利、保罗·海尔编，董璐、何道宽、王树国译：《传播的历史：技术、文化和社会》（第五版），北京：北京大学出版社，2011年。

〔捷克〕维兰·傅拉瑟著，李文吉译：《摄影的哲学思考》，台北：

远流出版事业股份有限公司，1994 年。

〔美〕E. 潘诺夫斯基著，傅志强译：《视觉艺术的含义》，沈阳：辽宁人民出版社，1987 年。

〔美〕E. 潘诺夫斯基著，李元春译：《造型艺术的意义》，台北：远流出版事业股份有限公司，1996 年。

〔美〕H. G. 布洛克著，滕守尧译：《现代艺术哲学》，成都：四川人民出版社，1998 年。

〔美〕卡特著，吴泽炎译：《中国印刷术的发明和它的西传》，台北：商务印书馆，1957 年。

〔美〕鲁道夫 · 阿恩海姆著，滕守尧、朱疆源译：《艺术与视知觉——视觉艺术心理学》，北京：中国社会科学出版社，1984 年。

〔美〕鲁道夫 · 阿恩海姆著，滕守尧译：《视觉思维》，北京：光明日报出版社，1987 年。

〔美〕W. J. T. 米歇尔著，陈永国译：《图像学：形象，文本，意识形态》，北京：北京大学出版社，2012 年。

〔美〕W. J. T. 米歇尔著，陈永国、胡文征译：《图像理论》，北京：北京大学出社，2006 年。

〔美〕威尔伯 · 施拉姆著，游梓翔、吴韵仪译：《人类传播史》，台北：远流出版事业股份有限公司，1994 年。

〔美〕约翰 · 费斯克著，张锦华等译：《传播符号学理论》，台北：远流出版事业股份有限公司，1995 年。

〔奥〕弗洛伊德著，高觉敷译：《精神分析引论》，北京：商务印书馆，1984 年。

〔瑞士〕H. 沃尔夫林著，潘耀昌译，杨思梁校：《艺术风格学》，沈阳：辽宁人民出版社，1987 年。

〔日〕藤枝晃著，李运博译：《汉字的文化史》，北京：新星出版社，2005 年。

〔英〕彼得·伯克著，杨豫译：《图像证史》，北京：北京大学出版社，2008 年。

〔英〕贡布里希著，范景中译，杨成凯校：《艺术的故事》，北京：生活·读书·新知三联书店，1999 年。

〔英〕吉莉恩·萝丝著，王国强译：《视觉研究导论——影像的思考》，台北：群学出版有限公司，2006 年。

〔英〕柯律格著，黄晓娟译：《明代的图像与视觉性》，北京：北京大学出版社，2011 年。

〔英〕罗伯特·莱顿著，吴信鸿译：《艺术人类学》，台北：亚太图书出版社，1995 年。

〔英〕马凌诺斯基著，费孝通译：《文化论》，北京：华夏出版社，2002 年。

Aumont J, Marie M, *L'Analyse des films*, Paris: Nathan, 2002.

Aumont J, Bergala A, MARIE M, et al, *Esthétique du film*, Paris : Nathan, 2002.

Aumont J, *L'image*, Paris：Nathan, 2001.

Collier J, Jr, Malcolm C, *Visual Anthropology*, Albuquerque: University of New Mexico Press, 1986.

Joly M, *L'image et les singes : Approche sémiologique de l'image fixe*,

Paris：Nathan, 2002.

Chion M, *L'audio-vision*, Paris: Nathan, 2002.

Robert L, *The Anthropology of Art*, Cambridge： Cambridge University Press, 1991.

后　记

这本小册子是在传播技术史的视野下对图像、图像技术及图像媒体所进行的溯源及梳理，书中的部分观点和论述已在一些公开出版物上呈现过。此外，书中还引用了国内外许多专家、学者的研究成果，正如我反复申明的那样，“引用对了，那原本就是他们的智慧成果，理应向他们表达诚挚的谢忱；引用错了，这是我的过失，应承担全部责任，并向他们致以真诚的歉意”。感谢曾经出版过我拙作的出版社和发表过我论文的学术刊物，是你们让我一步一步深入图像与图像技术、图像媒体的思考之中。有了这些前期的思考和积累，今日才能以图像科学技术简史的形式将其进行呈现。

本书在写作过程中得到了沙振舜教授、程乃莲教授、何星亮研究员、张翀研究员、陈兆复教授、武利华教授、于向东教授、邵晓峰教授、姚义斌教授、朱永明教授等同道的大力支持和帮助，在此，特表谢忱！

不当之处，敬请读者和方家批评指正。

韩丛耀

2018年3月18日